千万人气
爸爸的拿手菜

每个周末都给孩子最好的亲子时光

Tony爸爸◎著

廣東旅游出版社

GUANGDONG TRAVEL & TOURISM PRESS

悦读书·悦旅行·悦享人生

中国·广州

图书在版编目（CIP）数据

千万人气爸爸的拿手菜 / Tony 爸爸著 . — 广州 ：广东旅游出版社，
2016. 12

　　ISBN 978-7-5570-0438-5

　Ⅰ . ①千… Ⅱ . ① T… Ⅲ . ①菜谱 Ⅳ . ① TS972.12

中国版本图书馆 CIP 数据核字（2016）第 184762 号

出 版 人：刘志松
策划编辑：张晶晶
责任编辑：张晶晶　陈晓芬
内文设计：谢晓丹
封面设计：回归线视觉传达
责任技编：刘振华
责任校对：李瑞苑

Qianwan Renqi Baba de Nashoucai

广东旅游出版社出版发行
（广州市越秀区环市东路 338 号银政大厦西楼 12 楼　邮编：510060）
邮购电话：020-87348243
广东旅游出版社图书网
www.tourpress.cn
深圳市希望印务有限公司印刷
（深圳市坂田吉华路 505 号大丹工业园 A 栋二楼）
889 毫米 ×1192 毫米　16 开　11 印张　160 千字
2016 年 12 月第 1 版第 1 次印刷
定价：30. 00 元

　　当初接受出版社约稿时，小张编辑郑重地告诉我一定要认真写好书的序言。我一听，压力山大，出书还要为自己吆喝吗？不是说"酒香不怕巷子深"嘛！我在新浪美食界可是名博，点击量超千万，粉丝无数。不过仔细一想，我出书还是第一次，所以"吆喝"一下还是有一定必要的。

　　写这本书之前，我在新浪上有个极具知名度的美食博客，叫"Tony小屋"。我写的内容包括亲子生活、教育探讨和美食制作，从爸爸的角度记录我家儿子的成长。在我的博客里，我一直和大家讨论这个问题，到底什么样的方法才是最好的育儿方法。我发现不管我们掌握多少的育儿知识，最终适合别人的方法未必适合自己的孩子。所以，最好的育儿方法是和孩子做朋友，自己走进孩子的世界，多和孩子交流。

　　我虽然从事教育行业，是一名普通的高中英语老师，但绝不是一名教育专家。所以我是不敢贸贸然地告诉大家如何教育孩子才是正确的做法。我的博客最最重要的是和大家分享我为家人做的美食，而我之所以赢得这么多读者认可也是因为其中认真、有创意的美食分享。所以，在这本书中我主要是和大家分享"Tony小屋"中最天然、高人气的菜肴制作方法，把最省时、最省事的做菜方法介绍给大家。毕竟，让孩子吃好每一餐、使之有个健康的体魄是每个家长的第一心愿。

　　现在社会大家都很忙，工作压力又大，又要照顾小孩，真的会让人力不从心。平时给家人做菜总觉得想不出什么好花样，所以Tony在这本书里给大家推荐的都是简单的家常菜和家常面点，用简单的食材搭配出不同的营养，甚至在周末的时候我们可以和孩子一起动手，这是亲子的最好时光，让孩子体会到父母的爱与关心。

　　家常事，家常菜，希望大家喜欢我的美食书。

CONTENTS
目 录

独家秘籍 ◆
打造孩子最爱的 *10* 道特色菜

当一个家庭有了小孩，就意味着责任重了许多。这其中特别包括为小孩提供营养可口的饭菜。记得Vincent刚出生，我就开始研究6个月后的辅食。到后来我俨然成了半个育儿专家，很多同事的孩子要添加辅食时，我会把经验与他们分享。

随着孩子慢慢长大，他们对食物也开始变得挑剔起来，你会发现婴儿时期做的很有营养的食物孩子渐渐不喜欢了，他们和大人一起吃饭后，尝到了加了盐和许多鲜美调料的菜肴，发觉这些食物远比以前吃的要美味多了。他们开始抗拒吃以前的食物。很多父母会后悔让孩子和大人一起吃饭，其实大人的做法没有错。孩子慢慢长大，就不用专门再给他做菜，不要让孩子觉得自己和别人不一样。如何把健康的食材做成美味的菜肴，这才是我们做父母的在孩子童年期饮食中要关注的重点。

很多父母特别在意菜肴的健康营养，这没有错。但忽视了菜肴的卖相和美味其实也是失败的。我则认为美味和健康同样重要，因为只有孩子喜欢，才能吃得下，美味是实现健康育儿的方法论。很多父母觉得这样很难做到，我这里给大家一个诀窍。没有人能抵挡鲜美的菜肴，可是很多人以为鲜美的口味一定要放鸡精或味精，其实根本用不着，而且大家也都知道过多食用味精或者鸡精对身体也没有好处，我的这本书里就有介绍如何在家里制作最天然的味精，用的就是最天然的香菇和虾米，你在做菜时甚至可以多放点这种天然的味精，不仅让菜更加鲜美，而且还给孩子补钙呢。

博客上的读者留言，总说我的菜肴非常特别，看上去没那么多条条框框的健康讲究，但总要自己出色的食材搭配，色香味俱全。呵呵，"色香"大家都看到了，"味"可只有我家的Vincent和Cute Lady才知道。本章是我挑选的10道独家特色菜，也是孩子最喜欢吃的10道菜，希望你的孩子也会喜欢。

自制干胡萝卜丝小炒

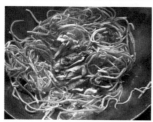

原料：干胡萝卜丝　香菇　青蒜

　　　千张（也叫"豆腐皮"）

调料：食用油　盐　鸡精

干胡萝卜丝的制作

1. 准备几个大一点的胡萝卜，冲洗干净；

2. 把胡萝卜刨成长丝，从头刨到尾，最好不要断，这样的丝才长；

3. 刨好的丝放在阳光下暴晒，三天大太阳就可以晒成干胡萝卜丝了；

4. 一次可以多做点，晒干后放入保鲜袋保存即可，天热后防虫要放入冰箱冷藏。

做法：

1. 干胡萝卜丝和香菇提前浸泡好；

2. 青蒜切成小断，千张和香菇切成丝；

3. 热锅冷油放入浸泡好的胡萝卜丝煸炒；

4. 放入香菇丝和千张丝大火继续煸炒，中途可以边点水边翻炒，点水就是加一点点水，切不可多加；

5. 加盐和鸡精（或者省略）调味撒上青蒜再翻炒片刻即可出锅。

Tony爸爸说

　　很多人会说，为什么新鲜的胡萝卜不吃去做干胡萝卜丝。因为要尝试才会有发现，要不然我们怎么会吃到美味的干香菇，怎么会有梅干菜和榨菜、咸菜的诞生呢？不同的加工就会形成不同的口感。用四个字来形容干胡萝卜丝就是——奇香无比。就好比新鲜的香菇和干香菇，味道和营养自然也是各有千秋，但是更多人还是喜欢干香菇，因为干香菇味道更香，更有咬劲。那么干胡萝卜丝也是这样。干胡萝卜丝制作非常简单，在家里准备一些，有时忙没时间去菜市场，可以用这些干货照样做出美味。而且从我的育儿经验来看，小孩子也会更接受干胡萝卜丝。

鱼香豆腐

原料：干豆腐　土豆　黑木耳　青椒

调料：蒜蓉　生姜丝　豆瓣酱　白糖　酱油　鸡精

做法：

1. 浸泡好黑木耳；

2. 土豆切丝后冲水；

3. 干豆腐沿着纹路切成四块；

4. 锅中放一点油，把豆腐煎到两面金黄后拿出备用；

5. 锅中重新放少许油，放入蒜蓉和生姜丝，小火煸炒出香味；

6. 加一勺豆瓣酱继续煸炒；

7. 加入土豆丝；

8. 加入前面煎好的豆腐；

9. 加入两小勺左右酱油上色；

10. 加入开水到豆腐的二分之一处；

11. 加入一勺白糖，烧开继续大火烧1分钟左右；

12. 加入黑木耳，继续烧1分钟；

13. 加入青椒丝，开始颠锅，让食材充分吸收汤汁到快收干；

14. 加入鸡精，淋上香油就可以出锅了。

Tony爸爸说

为什么叫鱼香豆腐呢？八大菜系中的川菜以调味著称：一菜一格，百菜百格。就是指用三椒（辣椒、花椒、胡椒）和葱、姜、蒜等普通的调味品，调制出多种复合味：如家常味、咸鲜味、鱼香味、荔枝味、怪味等23种之多。鱼香味即是其中之一，以鱼香肉丝为代表。鱼香茄子则是以同样的调味手法烹饪而成的菜品。因此，鱼香并不是指真的有鱼，而是指一种独特的风味。一般我们自己做的时候用蒜、姜和豆瓣酱就能调制出这个鱼香味。

小炒要点提示

1. 豆腐要买干豆腐，北方人叫北豆腐。这种豆腐含水少，比较结实，烹饪时不会散。

2. 豆腐一定要煎到两面金黄。传统做法是要把豆腐油炸过的，我觉得没有必要，放一点点油照样可以把豆腐煎到两面金黄，健康而且美味不减。

3. 鱼香豆腐的配料也不是固定的，有人加生姜丝，也有加胡萝卜丝、笋丝，放土豆丝我发现也一样味美，而且这个食材大家又容易找到。

4. 土豆切成丝后一定要在水里冲一下，那么炒的时候才不会粘连或者粘锅的。

5. 鱼香味的调制，豆瓣酱、生姜和蒜应该是不能少的，这是鱼香味最基本的调制原料，复杂的太麻烦

就不介绍了。

6. 因为豆瓣酱很咸，所以放一勺就可以了，但颜色不够深不好看，这时可以加点老抽来上色。记住，这道菜千万不要加盐，否则会很咸的。

7. 黑木耳不需要长时间烹煮，否则营养会流失，所以是在后面放。

8. 做鱼香豆腐一定要记得加点糖，那样的豆腐才真正的鲜美，咸中带些微的甜，实在是美味。

P.S 大热天吃豆腐是不错的选择。它味甘性凉，具有益气和中、生津润燥、清热下火的功效，可以消渴、解酒等。

香干咸菜炒毛豆

原料：毛豆　香干　咸菜　肉丝

调料：食用油　生粉　料酒　盐　白糖

做法：

1. 毛豆剥好后先蒸熟备用；

2. 香干切成细条，咸菜洗干净后切碎；

3. 瘦肉切成肉丝后加入生粉和料酒腌制15分钟；

4. 热锅冷油；

5. 加入咸菜；

6. 加入肉丝一起翻炒；

7. 加入蒸熟的毛豆翻炒一会；

8. 加入香干细条翻炒；

9. 加一点盐调味，加一点白糖提鲜就可以出锅了。

Tony爸爸说

　　在这道菜里咸菜功不可没。咸菜可以调节胃口，增强食欲，但是多吃也不好，所以咸菜的用量不多，就拿来提味。肉丝、香干，加上毛豆都是很有营养的，再加上一碗白粥，补充能量，十足美味。

卷心菜炒腊肉

原料：腊肉　卷心菜

调料：食用油　干辣椒　大蒜　生姜　料酒　白胡
　　　椒粉　香油

做法：

1. 腊肉清洗后切成薄片；

2. 卷心菜清洗干净后用手撕成碎块；

3. 大蒜去皮，干辣椒和生姜都切成丝；

4. 先把腊肉放入冷水里，烧开后煮一分钟
焯水，拿出备用；

5. 热锅中放少量冷油，放入焯过水的腊肉
煸炒出香味；

6. 加入大蒜煸炒出香味；

7. 放入辣椒丝和生姜丝煸炒一会；

8. 加入撕好的卷心菜，翻炒几下；

9. 加小半碗水盖上锅盖；

10. 感到卷心菜焉下去了就可以打开锅盖
调味；

11. 放入白胡椒粉、一点料酒和一点盐
（如果有必要）翻炒几下；

12. 最后淋上香油就可以出锅了。

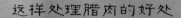

这样处理腊肉的好处

1. 有些人认为腊肉焯水把肉的鲜气都流失了。其实不会，焯水的时间那么短，而且焯水最大的好处是把腊肉多余的油脂去掉一部分。

2. 焯水后再煸炒腊肉，这样可以进一步去除里面的油脂的同时，可以让腊肉的口感发生变化，腊肉吃起来更加有嚼劲，还有很Q的感觉。

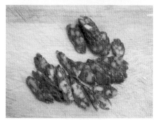

香肠蒸荔浦芋头

原料：荔浦芋头　广式腊肠　胡萝卜

调料：头抽（可以用生抽加白糖调制）　食用油　葱

做法：

1．荔浦芋头去皮后切成1厘米厚的薄片，我买的这个荔浦芋头3斤多重，所以切小半个就足够了；

2．把芋头片冲洗，去掉表面的黏液；

3．广式腊肠斜刀切成薄片；

4．把芋头片叠加在一起，放入盘子里，两片芋头片中间放两片腊肠；

5．把胡萝卜刨成丝，撒一些在上面；

6．上锅大火蒸15分钟；

7．锅里放一点油加入头抽，煮开后撒上葱，淋在蒸好的芋头上就做好了。

制作要诀提示

1．芋头尽可能切得薄一点，厚了的话，蒸的时间就要适当延长；

2．切好的芋头片要在水里冲洗去除表面的黏液，这样芋片才不会粘连在一起；

3．蒸好的芋头片已经有了腊肠的滋润，但为了让味道更突出我们就要准备个酱汁淋在上面；

4．酱汁我用的叫"头抽"，如果你没有，可以用生抽，加点白糖煮开后就可以。

"佛跳墙"土鸡煲

原料：土鸡半只　香菇　藕　栗子　青红椒

调料：葱　姜　蒜　豆瓣酱　生抽　老抽

做法：

1. 鸡肉切块，把鸡皮切掉备用；

2. 鸡肉冲洗干净；

3. 锅里放水煮开放入鸡肉，再次煮开就可关火，拿出鸡肉用凉水冲洗；

4. 鸡皮放入锅里开中火后转小火，把里面的鸡油熬出来；

5. 把鸡皮渣从锅里拿出；

6. 放入葱、姜、蒜煸炒出香味；

7. 加入鸡块翻炒，加入两勺豆瓣酱翻炒；

8. 加入适量料酒、生抽和老抽翻炒后把鸡块倒入一个陶瓷锅里；

9. 加水完全没过鸡肉盖上锅盖大火煮开后转小火炖20分钟；

10. 20分钟后加入栗子继续炖20分钟；

11. 藕去皮切片，青红椒也切片；

12. 先放入藕，开大火，让汁水溢上来给其上色；

13. 把香菇和浸泡香菇的水一起倒入陶瓷锅；

14. 继续改小火炖10分钟；

15. 加入青红椒，盖上盖子再焖煮5分钟即可。

制作要诀提示

1. 鸡皮里的鸡油熬出来放在这道菜里可以给菜增味不少，味道绝对香浓；

2. 豆瓣酱本身比较咸，所以生抽和老抽不能多放，盐就更不用加了；

3. 水要一次加足，一定要完全浸过鸡块，否则后面的食材就很难入味了；

4. 炖藕的时间根据自己对藕的喜好来确定，因为藕本来就可以生吃，喜欢脆点的可减少烹煮时间。

原料：银鳕鱼 芦笋

调料：橄榄油 红酒 盐 黑胡椒粉 生抽 柠檬

红酒柠香银鳕鱼

做法：

1. 把银鳕鱼冲洗干净后放入盘子里；

2. 用干净的厨房用布或者厨房用纸擦干鱼块；

3. 加入适量的盐擦拭鱼的两面；

4. 倒入一勺左右的红酒用手擦匀；

5. 加入一些黑胡椒粉，挤上几滴柠檬汁；

6. 加入一勺左右的生抽；

7. 用手再把调料抹均匀，腌制20分钟；

8. 热锅倒入适量的橄榄油，放入鳕鱼，中火煎到两面变微黄；

9. 表面淋上生抽，再淋上点红酒收汁即可装盘；

10. 重新起锅放入橄榄油把芦笋煎一下，撒点黑胡椒粉放在盘里做配菜。

Tony爸爸说

1. 银鳕鱼营养价值高，是少数的美味深海鱼之一，含有丰富的DHA，欧洲人称它为"海中黄金"、"餐桌上的营养师"。而且大家要知道，只有类似银鳕鱼的深海鱼才含有丰富的Omega-3脂肪酸。

2. 鳕鱼种类也很多，其中以银鳕鱼最好。鳕鱼肉质白细鲜嫩，清淡不腻。现在超市里销售各种鳕鱼，但其实很多价格低廉的都不是真正的鳕鱼，而是油鱼。真正的鳕鱼看上去肉质细嫩，鳞片小，身上有小小的银色圆点，但靠肉眼有时实在难辨别，而价格方面更是天壤之别，银鳕鱼每斤价格至少上百元，低于这个价格的就不是银鳕鱼了。我买的要每斤198元，所以也就难得吃吃。

3. 鳕鱼煎的时候最好用中小火，两面各煎3分钟就差不多了，很容易熟的。

避风塘风味花蛤

原料：花蛤 干葱头 大蒜 生姜 葱 干辣椒
调料：色拉油 酱油 糖

做法：

1. 大蒜剁成蒜蓉，生姜切成丝，剥好干葱头，葱清洗后把葱白部分先切下；

2. 花蛤先放在淡盐水中浸泡一个小时后再清洗干净；

3. 锅里放水烧开；

4. 加入花蛤；

5. 看到花蛤微微张开就马上出锅；

6. 过滤后用冷水冲一下。

7. 热锅后放入油，加入蒜蓉；

8. 加入生姜丝，小火煸香；

9. 加入切好的干辣椒煸炒一会；

10. 加入葱白继续小火煸炒；

11. 加入干葱头煸炒到香味完全出来；

12. 加入花蛤；

13. 加入花蛤后记得要开大火，接着马上放酱油；

14. 马上盖上锅盖20秒就差不多了；

15. 打开锅盖加入半勺白糖，颠锅，就可以出锅了，有了酱油不需要盐，做海鲜不需要鸡精。

什么是避风塘？

顾名思义，避风塘是台风侵袭时中小型船只用以抵御烈风和大浪的庇护所。

每年6到9月份，台风都会侵袭香港。为避免出入香港的船只遭到台风侵袭，1862年，香港政府在维多利亚海港修建船舶躲避台风的港湾。其中最大的是铜锣湾，被当地人叫做"避风塘"。

在台风来袭的这段无以维生的日子，有渔民把目光瞄上了铜锣湾，开始驾船来到铜锣湾，支起炉灶，现场捞煮，用渔家特殊的烹调方式，烹制成一道道新鲜的美味以竞宴来客，这就是避风塘美食的由来，其中最出名的是"避风塘辣椒炒蟹"。

20世纪80年代开始，"避风塘"以其特色风味被带到岸上。从此，日本、新加坡、美国、中国内地和中国台湾地区悄然兴起了一股"避风塘"风，有的城市还将"避风塘"引进星级酒店中。

原料：牛肉　五香豆腐干

调料：蛋清　生粉　酱油　啤酒

蒜蓉豆豉酱　生姜　青红椒

啤酒牛肉炖五香豆腐干

做法：

1. 牛肉清洗干净。

2. 把牛肉切成小方块。

3. 加入生粉、蛋清和一些香草（可以省略）抓匀后腌制20分钟。

4. 热锅后加入油，放入生姜小火炒出香味。

5. 放入牛肉中火煸炒一会儿。

6. 牛肉颜色变白后加入酱油；加入啤酒浸过牛肉。

7. 加入一勺豆豉酱。豆豉酱很咸的，整道菜千万不要再加盐了。改小火炖1个小时。

8. 到40分钟时加入五香豆腐干和青红椒。

9. 出锅时再撒点青红椒丝和葱花。

Tony爸爸说

牛肉本身很难炖烂，所以放啤酒是一种很好的办法。其实你也可以放一个山楂、一块橘皮或一点茶叶，牛肉都会很容易烂。这个五香豆腐干，因为吸收了牛肉的精华，所以变得非常滑嫩好吃！

要点提示

1. 香椿应吃早、吃鲜、吃嫩；谷雨后，其膳食纤维老化，口感乏味，营养价值也会大大降低。其实清明前后吃是最好的，价格也适中，我买的要20元一斤，过几天肯定会降下来。

2. 香椿里有大量的亚硝酸盐。亚硝酸盐是致癌物质，平时很多人喜欢吃的腌制食品里大量存在。研究人员已经做过实验，用开水烫后亚硝酸盐会减少，仅为每公斤4.4毫克。所以，香椿还是用开水烫后再吃最

安全。一般烫1~2分钟比较安全。

3. 焯烫过的香椿颜色会很不好看，有个妙招，就是在焯水的时候在锅里滴几滴油，可以让香椿颜色仍旧很好看。

4. 千张一定要开水烫一下，只要5秒钟就足够，让其变软就可以了。

5. 用千张包香椿的时候要包得紧实，这样切好后才不会散开。

6. 调料很关键，没有调料香椿的味道就出不来，加入生抽与香油的调料和香椿才是绝配。

香椿头千张卷

原料：香椿头　千张

调料：生抽　香油

做法：

做千张卷

1. 香椿头先处理一下，把下面老的部分剪掉，清洗干净；

2. 先在锅中把水烧开后再放入香椿；

3. 加几滴橄榄油；

4. 烧两分钟左右，把里面的亚硝酸盐尽可能多地排除掉；

5. 焯水后的香椿颜色应该是有点黄的，但不影响口感；

6. 千张准备好5张（可根据你买的香椿的量，我买了半斤），一切为二；

7. 关键步骤来了，将千张在煮开的水里烫5秒钟左右就可以，那样口感才好；

8. 把烫过水的千张放在消过毒的砧板上；

9. 放上几根焯烫好的香椿头；

10. 卷起切成长度一样的小段；

做调料

11. 先放入生抽；

12. 放点香油就大功告成了。

*Tony*的自制配菜酱料大公开

咖喱酱

你做咖喱菜还是在用昂贵的大品牌的咖喱块吗？

没想过自己也可以调制出好吃的咖喱酱？

难道大品牌的咖喱酱就一定好吗？

你知道咖喱块里有很多很多的油脂吗？

一不小心就让你吃进了很多的隐形脂肪啊！其实我们在超市里几块钱就能买到咖喱粉。有的人认为咖喱粉没有咖喱块那么香，一来可能是你做菜的时候放得少，二来大家少放了一样东西。下面就让我给大家介绍Tony的超简单自制咖喱酱。

调料：咖喱粉 苹果 蜂蜜

做法：

1. 苹果洗净后切开，用勺子刮出苹果泥；
2. 5勺苹果泥里放入3勺咖喱粉，用1/2勺蜂蜜兑水搅拌均匀。

制作要诀提示

咖喱粉比咖喱块少了很多添加剂，没有油脂，但是味道不够香浓，比较淡，我们可以加入苹果泥和蜂蜜，甚至可以把调好的咖喱酱放一天，那样味道会特别香。因为苹果泥会发酵，这样会让咖喱的味道变得更加香浓。

极品鸡精

原料：蘑菇 香菇 虾米

做法：

1. 新鲜的蘑菇买来后冲洗干净；
2. 把蘑菇切片后放入铺有锡纸的烤盘上，温度设定在120℃至150℃左右，烤成蘑菇干为止，时间要在1~2小时左右；
3. 干香菇清洗一下（干净的话不清洗也没有关系），虾米也清洗一下后放在一起，同样放入烤盘烤到干燥为止；
4. 把烤干的香菇、蘑菇还有虾米放凉后放入搅拌机的研磨器里粉碎，放在一起搅拌，可以多磨几次，会更细腻。

番茄酱

原料：大番茄

调料：食用油　白糖　盐

做法：

1. 把大番茄放入容器里；

2. 倒入开水浸泡2分钟，让番茄在热水里翻滚一会；

3. 这样可以轻松去掉番茄的外皮；

4. 把番茄切成细丁；

5. 热锅冷油后放入番茄丁中小火边炒边用勺子碾压；

6. 当番茄汁变得浓稠时加入一勺白糖和适量盐调味。

 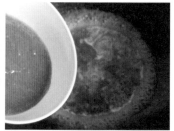

做法：

1. 三大勺炒熟的白芝麻放入搅拌器磨成粉倒入一个碗里；

2. 加入两勺韩式辣酱；

3. 挤入半个柠檬的汁；

4. 加入一点点盐和小半勺白糖；

5. 加入一勺酱油搅拌均匀；

6. 把高汤（比如做鸡翅，就可以将蒸好鸡翅后碗里剩下的汤汁做高汤）倒入锅里；

7. 汤汁煮开后加入第5步调好的酱汁；

8. 不断搅拌锅里的汤汁；

9. 汤汁变得浓稠时淋上香油即成。

酸辣酱

调料：白芝麻　盐　白糖　酱油

　　　柠檬　韩式辣酱

大蒜酱

原料：大蒜　橄榄油

做法：

1. 先把大蒜掰开；

2. 用刀把大蒜的根部切掉；

3. 把大蒜在温水里浸泡15分钟；

4. 这样就能很快把大蒜外面的薄膜剥除；

5. 大蒜剥好用厨房用餐巾纸把大蒜表面的水分吸干；

6. 锅里加入橄榄油，加的量至少能浸过大蒜的一半高度；

7. 感觉油有点热的时候可以放入大蒜；

8. 最小火15分钟，可以盖上锅盖，但要及时擦掉锅盖里的水蒸气；

9. 15分钟后拿出晾凉，连油一起装入瓶里。大蒜已经酥烂，但是形状还是完整的。

制作要诀提示

1. 大蒜剥皮有多种，但如果要保持完整，就用我这种方法，浸泡最好剥，一大碗大蒜就是我家好男儿剥的。

2. 剥完大蒜放入油锅前一定要把表面的水擦干，合则会油飞四溅。

3. 油温不可过高，手放在上方感觉热了就可以，大概在160℃。不过即使你烧的温度高了也没关系，因为橄榄油与众不同点就是即使温度高也不会像普通食用油产生致癌物质，所以大家平时既可以用橄榄油凉拌，也可以用橄榄油来炒菜甚至做油炸食品，那也是比普通油健康得多。

4. 大蒜放入后要小火慢慢让大蒜变软，所以你可以这样判断，如果你放入大蒜后，油就沸腾了，那就要马上调小火就可以了，反之放入大蒜没有动静就可以调中火然后再小火。

5. 大蒜过油后先晾凉再放入罐子或者瓶里，最好放入冰箱冷藏。

芝麻酱

原料：黑（白）芝麻　葡萄籽油（或者初榨橄榄油，麻油）
调料：盐或者白糖

做法：

1. 芝麻先淘洗干净；

2. 放入锅中开始炒芝麻，一开始的时候可以用中火，先把芝麻炒干，然后转中小火，炒到能够用手捏碎芝麻就差不多了，吃一口很香就可以了；

3. 炒好的芝麻放凉后倒入搅拌机；

4. 把芝麻打成粉；

5. 把打好的芝麻粉放一部分于搅拌机里再继续搅拌，然后加入适量葡萄籽油或者初榨橄榄油或者麻油，打到油和粉充分融合就好了；

6. 把芝麻酱放入容器里，比如说玻璃瓶，放凉后放入冰箱保存。

制作要诀提示

1. 炒好的芝麻要放凉后再打成粉，不然里面会有湿气，可能打出的粉会结成团。

2. 芝麻酱一次不要做太多，因为芝麻酱也很容易氧化，不能长期保存。所以我们要一开始的时候先把芝麻打成粉，这样可以很好保存，而且芝麻粉里放入冰糖粉拌匀也是很好的药补食材。

3. 有人问可不可以直接在芝麻里放油打成芝麻酱，我的试验是那样打出的芝麻酱不是很细腻，先打成

粉然后放入油再打口感更好。

4. 那可不可以把芝麻打磨出油后加水调成芝麻酱呢？我试过，也可以，但是口感还是我这种步骤操作出来的好。

5. 为什么加的是葡萄籽油或者是初榨橄榄油？那是因为上面两种油含有大量的不饱和脂肪，本身就适合生吃，而且还可以直接食用，是非常好的保健品。如果你买不到，那就用芝麻油，也非常好。

给大家说说芝麻酱的吃法。"入口绵，到口光，嚼后香，吃后想"说的就是芝麻酱，吃的时候可以在芝麻酱里边放水边搅拌，这样起到稀释作用，你喜欢甜的可以放白糖或者蜂蜜，喜欢咸的就放盐。芝麻酱非常适合放入凉拌菜里或者面条里，当然也可以直接用来蘸面包、馒头，芝麻酱与食物搭配，不仅丰富了膳食的风味，也提高了膳食的营养价值。

所以我们通过自己做芝麻酱，也学会了如何选购芝麻酱产品，选购时我们应该注意以下几个问题：

1．避免挑选瓶内有太多浮油的芝麻酱，因为浮油越少表示产品越新鲜。

2．产品的包装上应标明厂名、厂址、产品名称、生产日期、保质期、配料等。

3．生产时间不长的纯芝麻酱（20天以内）一般无香油析出，用筷子蘸取时黏性大，从瓶中向外倒时，酱体不易断。

4．芝麻酱一般有浓郁芝麻酱香气，无其他异味。掺入花生酱的芝麻酱有一股明显的花生油味，甜味比较明显。掺入葵花籽的芝麻酱有明显的葵花籽油味。

5．取少量芝麻酱放入碗中，加少量水用筷子搅拌，如果越搅拌越干，则为纯芝麻酱。

6．芝麻酱开封后尽量在3个月内食用完，开封后放置过久容易氧化变硬。

7．芝麻酱调制时，先用小勺在瓶子里面搅几下，然后盛出芝麻酱，加入冷水调制，不要用温水。

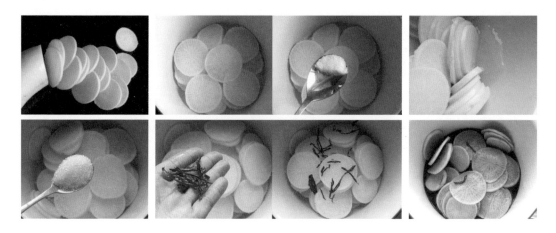

腌萝卜

原料：白萝卜

调料：盐 白糖 辣椒丝 生抽 老抽 醋

做法：

1. 白萝卜清洗干净切成片后放入容器中；

2. 撒上盐用手抓匀后腌制一个小时后把萝卜里渗出来的水倒掉；

3. 加入三勺左右的白糖，搅拌均匀；

4. 撒上点辣椒丝，生抽至少五勺，一勺老抽；

5. 加入三勺左右的醋，搅拌均匀；

6. 腌制两天就可以吃了，中途可以搅拌几次，让味道更均匀。

制作要诀提示

1. 萝卜切片后撒上盐的目的是把萝卜里的水腌制出来，这样可以去除萝卜的辛辣味。盐不必太多，但是在萝卜表面撒上盐后一定要搅拌均匀。

2. 酱油的量不用过多，浸过萝卜的三分之一即可。放1小勺老抽即可是为了颜色更深一点。不喜欢吃辣的人，辣椒丝可以不放。

3. 在腌制的两天里可以翻动几次，这样上面的萝卜也可以更好地入味。

微创意

让孩子百吃不腻的10道家常菜

　　家常菜也可以理解为天天吃的菜。能成为家常菜要具备两个特质：一、这些菜不受时间、季节的限制；二、这些菜营养丰富，对孩子的身体发育有利。

　　我想，许多爸爸妈妈也和我一样对家常菜比较头疼，最常吃到的菜，可能是孩子最不爱吃的菜。看到西红柿炒鸡蛋、胡萝卜炒肉、土豆丝炒肉，孩子就皱起眉头，让我们心头一凉。

　　一次偶然，我看到番茄酱和西红柿放到一起的场景，突然灵机一动，决定尝试新式西红柿炒蛋：把大西红柿去皮入锅熬成番茄酱，用小西红柿（即市面上常说的圣女果）炒蛋，最后起锅时再放入番茄酱翻炒。Vincent看到这道菜，连夸有创意，吃了不少，让我超有成就感。从此，用微创意改良家常菜成了我化腐朽为神奇的法宝。

　　美食美食，先是美，才能引起人的食欲；然后要变花样，才能让人持久地喜欢。家常菜虽然用料很简单，都是生活中最常见的食材，但我们加入自己的微创意和食材搭配，就会有不同的感觉和味道。此外，掌握一些做菜的诀窍也很重要，比如加入秘制的调料，给菜上色、勾芡，用点香油等等办法，这样才可以把家常菜做得好看诱人。

　　其实给家人做菜的时候心情都很好，做足功夫，希望孩子在吃的同时感受父母的爱，相信孩子走向社会时，这些儿时的家常菜会成为孩子最美好的关于家的记忆。我想我的"Tony小屋"之所以有这么多读者，不仅是因为可以参考借鉴某些菜式，更是喜欢这种做家常菜的感觉。

最经典鱼香茄子

原料：茄子　五花肉

调料：柠檬（或者白醋）　食用油　生姜　酱油

　　　豆瓣酱　白糖　料酒　香葱

做法：

1. 茄子清洗干净后滚刀切成小块；

2. 在容器里放入水后挤上柠檬汁，或者加入几勺白醋；

3. 放入切好的茄子浸泡10分钟左右；

4. 五花肉清洗后切成细丁；

5. 生姜切成丝；

6. 热锅冷油，加入五花肉细丁煸炒直到出油为止；

7. 加入生姜丝炒出香味；

8. 放入茄子，爆炒几下；

9. 放入半勺白糖；

10. 加入一勺左右的料酒和酱油上色；

11. 加入豆瓣酱不断翻炒到汁水收干，茄子变得很软糯撒上香葱就可以出锅了。

做不好鱼香茄子的6大问题

1. 我做的鱼香茄子口感怎么不好？

茄子的品种不一样口感也会有影响。一般茄子就两种形状：一种是圆形的，一种是长形的。南方这边长形的多，我买了圆形的才发现原来圆形的皮要厚，怪不得有人吃茄子要去皮了，而且圆茄子水分也没有长茄子多，最重要的是长茄子比圆茄子要软糯，口感要好，很适合炒。所以我建议大家都用两种茄子做这道菜对比一下就知道你更喜欢哪种口感了。还要记住一点，把茄子切成块的时候不要切得太大，那样茄子不入味，也难熟。

2. 我炒的茄子怎么发黑？

茄子切开后暴露在空气里时间越久越容易氧化，很多人还去皮，这样和空气接触面大，茄子更容易氧化，所以把茄子切好后用白醋或者柠檬水浸泡一下可以防止其氧化。而且炒的时候一定要大火快炒，时间越久茄子越容易发黑。

3. 炒茄子到底要放水吗？

我告诉大家：绝对不可以放水。因为长茄子本来就很水嫩，一放水，紫色的外皮马上消失，而且煮好的茄子不糯，不好看更不好吃。

4. 做鱼香茄子怎么样不粘锅？

既然不放水，很多人怕炒的时候粘锅，其实我们先前已经把茄子浸泡过，茄子原来就有水，加上浸泡就又吸足了水。还有在炒鱼香茄子的时候调料的顺序也非常关键，如果一开始就放豆瓣酱炒，不粘锅才怪呢。

5. 如何让鱼香茄子更爽滑好吃？

秘诀就是用点五花肉，口感会提升得非常明显。

6. 鱼香茄子一定要事先油炸茄子吗？

现在人讲究养生，所以不油炸，适当多放点油还是能做出好吃又营养的鱼香茄子。餐馆里的茄子颜色特别好看，就是高温油炸过的。

秘制银杏酱丁

原料：鸡胸肉　胡萝卜　土豆　银杏　青豆

调料：黄豆酱　生粉　食用油　料酒　韩式辣椒酱　香油

做法：

1. 所有食材清洗干净；

2. 土豆去皮切丁后用水冲一下；

3. 鸡胸肉和胡萝卜也切丁；

4. 在鸡丁里放入一勺生粉，一勺料酒，搅拌均匀放置15分钟；

5. 热锅冷油，加入胡萝卜丁、土豆丁、银杏和青豆翻炒2分钟左右；

6. 加入一勺黄豆酱；

7. 加入一勺韩式辣椒酱，翻炒几下；

8. 加入半碗水，煮开；

9. 加入鸡丁，调味，收汁，淋上香油即可出锅。

秘制要点提示

1. 鸡丁用生粉稍腌可以更嫩，放料酒是去腥；

2. 土豆切丁后用水冲洗，炒的时候就不会粘锅；

3. 加入黄豆酱和韩式辣椒酱后要再翻炒几下，最后成品菜味道会更香浓；

4. 加入水，煮到最后，汤汁会越来越稠，那是因为土豆主要成分是淀粉，而且鸡丁里也有生粉，所以不用勾芡；

5. 黄豆酱含盐量比较高，吃前自己试过再调味加盐；

6. 淋上香油，增香又给菜提色。

银杏是什么？

银杏，又称"白果"，在宋代被列为皇家贡品。据《本草纲目》记载："熟食温肺、益气、定喘嗽、缩小便、止白浊；生食降痰、消毒杀虫。"现代科学证明：银杏种仁有抗大肠杆菌、白喉杆菌、葡萄球菌、结核杆菌、链球菌的作用。明代李时珍曾曰："入肺经、益脾气、定喘咳。"初秋时节，适当吃点银杏还是有保健功效的。

注意：银杏内含有氢氰酸毒素，毒性很强，遇热后毒性减小，故生食更易中毒。每次安全起见不要超过10颗，小孩不能超过5颗。

5分钟青椒肉丝

原料：青椒　五花肉

调料：食用油　料酒　酱油　盐　香油

做法：

1. 把青椒对半切开；

2. 去除里面的籽和白色的海绵部分（也可以保留，里面有维生素C）；

3. 横着把青椒切丝（不用很细）；

4. 五花肉洗净切成细丝；

5. 锅里放入五花肉丝，中小火把油全部煸出为止；

6. 加入青椒；

7. 加入一点料酒；

8. 加入一点酱油；

9. 大火翻炒50秒左右，放入盐再调味，淋上香油即可。

小炒要点提示

1. 实践证明青椒横着切比顺着切炒出来更爽脆；

2. 一定要把五花肉里的油全部煸出来后再放青椒，这样炒出的青椒味道才香；

3. 放一点料酒，去除青椒的青味，再加一点酱油，青椒会更入味；

4. 上面3的调料放好，记得大火快炒，最后再放盐和淋上一点香油；

5. 以上这么处理，青椒既好吃，而且营养流失得也非常少！

大小番茄炒蛋

原料：大番茄　小番茄　鸡蛋
调料：食用油　白糖　盐　料酒　生姜　香葱

做法：

1. 把大番茄放入容器里，倒入开水浸泡2分钟，让番茄在热水里翻滚一会，这样可以轻松去掉番茄的外皮；

2. 把番茄切成细丁；

3. 热锅冷油后放入番茄丁中小火边炒边用勺子碾压；

4. 当番茄汁变得浓稠时加入一勺白糖和适量盐调味，出锅备用；

5. 鸡蛋打入碗里，加入适量盐，打散后加一勺水继续打散；

6. 加入切好的香葱继续打散鸡蛋；

7. 热锅到锅子冒一点烟后加入食用油，晃动一下锅子，让锅四周都有沾到油；

8. 下蛋液，轻轻转动锅子让蛋液流向四周，马上关小火，鸡蛋凝结后弄碎出锅备用；

9. 小番茄切块；

10. 热锅冷油加入生姜丝煸炒出香味；

11. 放入番茄块，大火翻炒；

12. 马上淋上一点点料酒，大火再翻炒几下；

13. 慢慢加入上面做好的番茄酱（多少随你），不断翻炒；

14. 加入炒好的鸡蛋撒上香葱就可以出锅了。

小炒要点提示

1. 用番茄酱做配料，给主料里的番茄入味，让其裹上香浓的番茄酱，而主料的番茄用爆炒的方式，使营养不流失。这道菜让美味和营养兼得了。

2. 怎么打鸡蛋？用筷子朝一个方向用力打散，筷子的运动是个圆锥形，这个圆锥下面是碗底，锥顶在碗正上方，距离碗底6厘米左右吧。这样打可以让空气进去，让蛋清和蛋黄充分融合。记住还要加点水，鸡蛋才更嫩。

3. 番茄红素主要存在于番茄皮里，所以主料里的小番茄就没有去皮，但是做番茄酱的时候为了不影响口感就要去掉大番茄的皮。

4. 做番茄酱时加一点白糖，可以中和番茄的酸，口感更好。最后炒番茄时加入的番茄酱的量也要适中。番茄酱可以适当多加一点点盐，那么炒番茄的时候就不用放盐了。

5. 一定要挑成熟的番茄。市面上番茄虽然很红，但是很多根本就没有熟，所以买的时候可以捏一下番茄，很硬的不要买，要柔软适中，颜色越红当然越好。如果买不到很熟的，记得在室温下放几天，番茄也会慢慢变熟的。

6. 炒鸡蛋和炒番茄虽然都是热锅冷油，但是炒鸡蛋热锅冷油后再让油稍微烧一会，同时让油铺满锅底就不会粘锅，鸡蛋马上会膨胀开来。

Tony爸爸说

传统的番茄炒蛋无非就是两种，一种是把番茄炒得很烂熟，另一种喜欢把番茄炒得很生硬。但这两种办法都有各自的缺点。先说第一种做法：有的人喜欢吃做得很熟烂的番茄，喜欢番茄浓汁，美其名曰可以吃到很多的番茄红素。其实长时间高温烹煮下，番茄里的番茄红素是会流失的，番茄里的维生素C早已流失殆尽，这样做是好吃，但这道番茄炒蛋营养已经很少了。再说第二种做法：把番茄炒得很生硬，营养是有了，但是番茄就不入味、不好吃。

酸辣土豆丝

原料：土豆

调料：干辣椒 食用油 醋 自制味精 葱

做法：

1. 土豆刨丝后用水冲一下；

2. 锅里放油后加入几个干辣椒煸炒一下；

3. 加入土豆丝翻炒几下；

4. 放入半勺自制味精翻炒均匀；

5. 加入醋，边加边翻炒；

6. 撒上葱就可以出锅了。

小炒要点提示

1. 土豆丝要用水冲一下是为了冲去其表面的淀粉，这样炒的时候就不会粘锅；

2. 根据自己的口味选择炒制的时间，喜欢吃爽脆的就缩短时间，吃软绵的就稍微延长一点时间；

3. 加白醋或普通的醋，颜色和口感都没有区别，我用的就是普通的醋；

4. 做味精时，所需的材料一定要烤干水分，晾凉后才可以打成粉；

5. 如果你没有烤箱，那就把食材放入锅里炒到没有水分，但是要注意控制好火候，你也可以选择直接在阳光下暴晒几天，也是脱水的好办法；

6. 有时候我没有在菜里放盐，很多人以为我忘了，其实还是新手对调料不理解。比如老抽是上色的，生抽就是调味的，就不用再加盐了。今天的虾米里就有很多盐，所以基本可以不放盐，出锅时根据自己的口味自己来调节最好。

Tony爸爸说

做这道菜首先要处理好西芹，然后在炒的过程中一定要把握好火候，不能炒过头，否则西芹和百合的口感会差很多。有人怕百合炒生了不能吃，其实鲜百合本来就可以生吃的，而且营养特别好，所以放入百合后你只要翻炒几秒钟就可以了。现在你明白为什么我提前放盐和鸡精了吧！

西芹杏仁炒百合

原料：西芹　鲜百合　美国大杏仁

调料：油　盐　鸡精

做法：

1. 先把西芹清洗干净；从根部开始把老的部分用手撕掉，这样你就不会吃到西芹的老茎；将西芹斜切成薄片，全部切好后放入烧开的水里焯一下，然后马上放在凉水里。

2. 准备好大杏仁；鲜百合洗净后剥开；热锅后放少许油，先放入西芹。

3. 先放盐和鸡精（先放盐和鸡精是因为让西芹更加入味，因为后面的步骤所需的时间短），再放入百合，大火翻炒一会，加入大杏仁。

4. 最后淋上香油就可以出锅了。

荷兰豆炒香肠

原料：荷兰豆　荸荠　香肠

调料：盐　鸡精

做法：

1. 我们先来解决荷兰豆的鲜嫩问题。看到荷兰豆两边的豆筋了吗？

2. 把荷兰豆两头折断后顺便撕掉豆筋。

3. 把豆筋全部撕掉。锅里烧开水后放入荷兰豆焯一下后记得要用凉水冲洗和晾凉。这样就可以爆炒了。爆炒的时间短也不怕

了，因为毒素已经在焯水的时候去得差不多了。

4. 放荸荠是要和荷兰豆相得益彰，让牙齿体验双重的清脆声。清洗荸荠，削去荸荠皮，把荸荠切成片，中等厚度。

5. 为了让荷兰豆更加入味，我推荐你放切片香肠，滋味咸香。

6. 热锅后放油。先放香肠，煸炒出香味。

7. 放入荷兰豆，大火煸炒。因为荷兰豆已经焯过水所以煸炒一会儿就可以放入荸荠稍微翻炒一会。

8. 放盐。

9. 最后加入鸡精就可以出锅了。

豉汁排骨焖苦瓜

原料：排骨　苦瓜

调料：葱　姜　蒜　豆豉酱　料酒　白糖　水

做法：

1. 排骨冲洗干净；

2. 锅中加水烧开；

3. 放入排骨焯水；

4. 等到排骨颜色变为白色就拿出，冲洗干净；

5. 生姜和大蒜切成碎末；

6. 苦瓜清洗干净，切成段，通常要去瓤，但瓤其实有它的药用价值，可以保留；

7. 热锅后加油，放入姜和蒜末，小火煸炒出香味；

8. 加入一小勺豆豉酱，小火煸炒出香味；

9. 加入排骨，放料酒、白糖、老抽上色；

10. 加水快要浸过排骨，先小火焖煮1小时；

11. 加入苦瓜，再中火焖煮10分钟就可以出锅了。

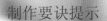

制作要诀提示

1. 排骨焯水可以去除杂质和腥味。

2. 苦瓜的瓤有药用价值，也可以尝试一下像我这样吃法。

3. 做这道菜记得要加点糖，排骨会更香更鲜美。

4. 做这道菜用到豆豉酱，这种酱很咸很咸，所以不要一下子放很多，更不要在菜里放盐。

5. 如果你觉得焖煮排骨1小时太费事，也可以选择用高压锅，只要15分钟就可以吃到酥软的排骨了，而且营养流失得也少，虽然味道没有小火炖出来的那么好。

完美家常红烧鱼

原料：青鱼段

调料：胡葱　老抽　生抽　白糖　生姜　味精　料酒

做法：

1. 胡葱清洗干净后切段；

2. 生姜切片；

3. 青鱼段去鳞片用纸擦干；

4. 热锅冷油；

5. 加入生姜片爆炒到散发出香味；

6. 把鱼小心放在姜片上面，小火煎；

7. 半分钟后翻面；

8. 加入生抽和老抽；

9. 加入一点料酒；

10. 加入开水到鱼的一半，大火煮；

11. 一分钟后加入半勺白糖；

12. 汤汁剩不多时加入胡葱烧一会后加点味精就可以出锅了。

极品凉拌鸡丝

原料：鸡胸肉 绿豆芽 黄瓜

调料：生粉 料酒 大蒜 枸杞
　　　鱼露 香油 盐 白芝麻

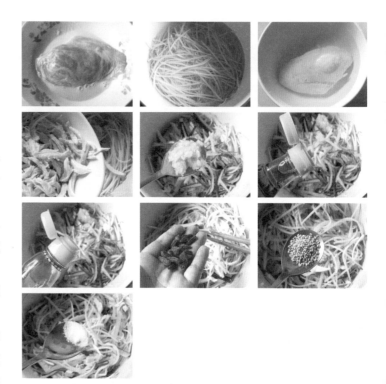

做法：

1．鸡胸肉清洗干净后加入一些料酒和生粉，揉捏5分钟后腌制20分钟；

2．豆芽菜清洗后去根，入滚水焯水10秒钟即可取出放入冰水；

3．把浸泡豆芽的冰水倒掉；

4．把鸡胸肉放入刚才焯过豆芽的开水里（90度左右），根据鸡胸肉的厚度盖上锅盖让其泡5到10分钟拿出浸入冰水；

5．顺着纹路把鸡肉撕下，放入豆芽里；

6．加入黄瓜丝；

7．加入捣碎的蒜泥；

8．加入适量的鱼露；

9．加入香油、枸杞和白芝麻；

10．加适量的盐，拌匀即可。

高考季18道营养午餐

双色花椰菜	无油白胡椒虾
香葱爆蚕豆	鱼香豆腐
凉拌百合黄花菜	大小番茄炒蛋
水蒸蛋	自制干胡萝卜丝小炒
干煸扁豆	西芹杏仁炒百合
酸辣土豆丝	极品凉拌鸡丝
荷兰豆炒香肠	番茄鸡蛋汤
秘制银杏酱丁	金银花鸽子汤
鱼香茄子	养生鹌鹑蛋鸡汤

让考生精力充沛的26道面点

1. 牛奶山楂面饼
2. 南瓜红豆沙面饼
3. 金丝发面烙饼
4. 平底锅面饼面包
5. 菠菜红豆面饼
6. 泡菜饼
7. 平底锅黑芝麻核桃面饼
8. 平底锅南瓜小米饼
9. 馋嘴山药红豆饼
10. 新疆吐鲁番剁肉饼
11. 无酥油版平底锅千层芝麻烧饼
12. 平底锅红豆小餐包
13. 糯黄米做一款平底锅米饼

14. 全麦南瓜馒头
15. 芝麻酱拌芝麻面
16. 改良担担面
17. 炒面
18. 黑鱼毛豆咸菜面条
19. 炸酱面
20. 红枣蜂蜜煎饼
21. 杂粮粥
22. 番茄鸡蛋面
23. 19层牛肉饼
24. 无油版平底锅椰香酸奶饼
25. 焦糖巧克力橄榄包
26. 煎饺

高考期间，

考生营养餐要注意的三大原则：

一、

高考最忌不稳定的心态，所以生活、食物都和平时保持一样比较好。考生考前饮食不要因高考临近而刻意改变，在临考前的一段时间及考试期间，饮食量都不要比平时增加太多，尤其考试期间饮食不要做太大的变动，应和平时保持一致。平时中午吃什么，那几天基本保持不变。

二、

中餐一定要清淡，保证有适量的蛋白质和蔬菜就行。提供数量和质量最充分的食品，一般来说，有一样荤菜或豆制品，再加上两样蔬菜就可以了。但一定要吃主食，米饭、面食都可以，部分孩子只吃菜不爱吃主食，家长不应纵容，否则碳水化合物摄入太少，能量供应不足，会影响孩子备考的体力。

三、

不可吃得过饱。虽然我们强调中饭要吃饱吃好，但如果有大量的食物在肠胃中消化就需要大量血液，脑内血液供氧减少，会导致大脑迟钝，思维不敏捷。而且下午考试要在3点左右，考生一定要记得饭后午休一下，这样才会有充沛的精神体力来应付。

节后营养调节肠胃周计划

星期一
素炒海带结　蔬菜沙拉　豇豆炒瘦肉
西湖莼菜汤

星期二
果蔬凉拌　山药炒黑木耳
海鲜酱炒红菜薹　番茄鸡蛋汤

星期三
双色花椰菜　酸笋咸菜鱼
泡菜锅　香肠蒸荔浦芋头

星期四
豉汁排骨焖冬瓜　荷兰豆
桂花糯米糖藕　三鲜煲

星期五
炖鸽子　炒茄子　素炒海带结　翡翠对虾汤

星期六
土豆排骨　香煎藕饼　秘制长江子鱼
蔬菜混搭

星期天
自制干萝卜丝小炒　香干炒胡萝卜藕片
浙江小炒　鱼头豆腐汤

★☆★☆★☆★☆★☆★☆★☆★☆★☆

鸡蛋 & 肉菜
的美味秘诀

　　这章和下一章是分别从日常的素菜和肉菜着手，分门别类介绍菜肴的做法。这章给大家讲讲如何做出好吃的肉菜。

　　虽说肉类很多，但我常做给孩子吃的就是以下几类了：鸡蛋、鸡、鱼肉和虾。由于猪肉在菜品中用得特别多，所以在此章不作特别介绍。复杂的猪肉肉菜做法可参见后面的"周末小餐桌"。

　　许多读者都特别关注我的肉菜，觉得我很有心得。Tony有几个做肉菜的秘诀，在此可作为肉菜做法的基本原则，给大家作参考。

　　1. 肉菜选材是关键，一定要到市场里买新鲜的，冷冻的最好不要买，味道不好不说，营养上已经大打折扣了。

　　2. 做鱼最常见的是红烧、清蒸或者煲汤，做红烧或者煲汤都要把鱼煎一下，那样做出的鱼才更香。为了防止鱼皮粘锅，记得把鱼清洗干净后，晾干或者用厨房用纸擦干，油热了后再煎鱼就不会粘锅了。要吃奶白色的鱼汤，加冷水和热水其实关系都不大，关键是煎好的鱼加水后一定要盖上锅盖大火煮一会才能成就奶白色的鱼汤。

　　3. 虾买回家后要马上清洗，否则虾很容易死去，死虾是不能吃的，河虾只要稍微清理一下即可。而对虾、基围虾等个头比较大的虾，要去掉虾里的泥肠，最快速的还是在虾头下背部剪到尾部，这样可以轻易取出完整的泥肠，有的用牙签也能把泥肠挑断。

　　肉菜做法比素菜相对耗时长，步骤繁杂。但只要用心，经常做，您总会做出一道属于自己的大厨级的"看家菜肴"。

鸡蛋

鸡蛋含有丰富的蛋白质、脂肪、维生素和铁、钙、钾等人体所需的矿物质，蛋白质为优质蛋白，对肝脏组织损伤有修复作用；鸡蛋富含DHA和卵磷脂、卵黄素，对神经系统和身体发育有利，能健脑益智，改善记忆力，所以要给孩子多吃鸡蛋，每天以一个为宜。除了煮鸡蛋，可以做荷包蛋、水蒸蛋、番茄炒蛋、茶叶蛋等等，这样孩子才不会觉得厌。鸡蛋是优质蛋白的来源。

鸡

鸡肉蛋白质中富含全部必需氨基酸，其含量与蛋、乳中的氨基酸谱式极为相似。我们要多选择散养的鸡，价格要贵一点，但相对营养高，从以下几点可以区别散养鸡和速成鸡：1. 羽毛。散养鸡的羽毛结构紧凑，光亮整齐，美丽大方；笼养鸡的羽毛则相对差些，不整齐，原因是饲养密度较大常伴有啄毛现象。2. 运动。散养鸡活泼好动，飞翔能力较强。笼养鸡相反无任何空间，基本失去下肢功能。明显特点是一种不容易捉、一种特好捉。3. 肉质。散养鸡肌肉结构紧，油脂少，上口香，营养，高蛋白，低脂肪，无药物残留；笼养鸡则是吃精饲料多且运动少，蛋体大，水分比例高，最好不要长期吃。

虾

不管何种虾，都含有丰富的蛋白质，营养价值很高，易消化，同时含有丰富的矿物质（如钙、磷、铁等），海虾还富含碘质，虾皮中含有丰富的蛋白质和矿物质，尤其是钙的含量极为丰富，有"钙库"之称，对孩子的健康极有裨益。根据科学的分析，虾可食部分蛋白质占16％～20％左右，其中对虾居首，河虾次之。

鱼

孩子要聪明，一定要多吃鱼。鱼类食品肉质细嫩，味道鲜美，营养丰富，容易消化。鱼类的蛋白质属优质蛋白质，鱼肉肌纤维较短，蛋白质组织结构松软，水分含量多，肉质鲜嫩，容易消化吸收，消化率达87%～98%。鱼类有一种含硫氨基酸叫牛磺酸，它能降低血中低密度脂蛋白胆固醇和升高高密度脂蛋白胆固醇，而有利防治动脉硬化。牛磺酸能促进婴儿大脑发育，提高眼的暗适应能力，因此牛磺酸现已作为婴儿食品中的营养物，如婴儿配方奶粉里含有牛磺酸使奶粉营养更接近母乳。在深海鱼中还含有孩子大脑发育所需的DHA。三文鱼、银鳕鱼、沙丁鱼、金枪鱼里含丰富的DHA和EPA，可是这些鱼很贵，普通老百姓经常吃不是很现实，这里Tony就给大家推荐市场上常见的大小黄鱼，带鱼也可以。但是做任何事情都不可以走极端，不要盲目相信某种食物的作用，丰富多样的饮食才是饮食的王道。

§鸡 蛋§

最经典荷包蛋

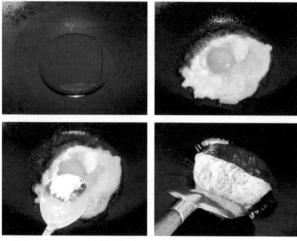

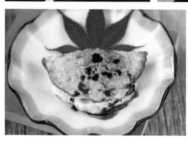

原料：鸡蛋

调料：食用油 盐 酱油

做法：

1. 准备好鸡蛋；

2. 热锅冷油；

3. 油开始冒一点烟时迅速打入鸡蛋转小火；

4. 快速撒上一点细盐；

5. 用铲子把鸡蛋对折后摁住一会；

6. 翻面开中火煎到两面金黄就可以出锅。

Tony爸爸说

　　早先的荷包蛋是煎单面的，然后翻起一边对折，形成一个半圆形，形状好似荷包，故名荷包蛋。这种做法直到20世纪60~70年代还有很多人家保留着，现在多数人因为做荷包蛋图方便简单，已经极少有对折的，而多为仅煎单面或双面就出锅的。这样已不再有荷包形状，但这个名称一直保留下来。而我则还是坚持先前荷包的形状。

经典荷包蛋成功秘诀

1. 热锅倒入油后，不能像炒蔬菜那样把鸡蛋直接放入，一定要让油温再升高，判断的标准是放点葱花、生姜碎之类，能沸腾起来油温最合适；或者你看到油有一点冒烟就可以放鸡蛋了，但不要等到油冒很多的烟，那样油温太高，鸡蛋容易焦糊。

2. 最好提前把鸡蛋从冰箱里拿出，常温最好，因为煎这个鸡蛋一定要让蛋白起泡爆裂开来，那样才可以扩大其面积，才能为折叠创造最好的条件，鸡蛋温度低会有点影响。

3. 用铲子折叠如果你掌握不好，可以用筷子辅助，折叠后记得用铲子摁一会，让两边的蛋白沾住，让蛋黄完全被包在里面。

4. 这种荷包蛋一定记得要适当多放点油，没有油就很难做成功的。

5. 两面金黄就可以出锅，如果喜欢吃糖心蛋，那就减少时间，相反就开小火多煎一会。

6. 吃的时候根据自己口味选择调料，一般滴几滴酱油就非常好吃了。

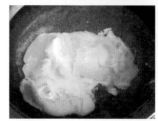

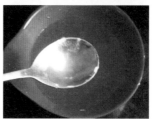

鲜嫩糖水鸡蛋

做法：

原料：鸡蛋

调料：蜂蜜

1. 锅里放入冷水大火烧开；

2. 准备好鸡蛋，在锅边缘磕一下；

3. 大火改中小火；

4. 磕碎的鸡蛋放入锅中，中小火煮到蛋清变白；

5. 用铲子轻轻掏底轻轻移动一下鸡蛋，防止粘底；

6. 盖上锅盖，中火煮2分钟左右就可以了，如果不喜欢糖心蛋，那可以再延长2分钟；

7. 在碗里放入温水，加入1勺蜂蜜；

8. 煮好的鸡蛋放入碗里就可以吃了。

鲜嫩炒鸡蛋

原料：韭菜　鸡蛋　盐　鸡精

做法：

1. 把韭菜清洗干净；

2. 切好韭菜备用；

3. 鸡蛋事先在碗里打散，放一点盐，热锅放油后煎鸡蛋；

4. 再煎另外一面；

5. 放在碗里备用；

6. 热锅后重新倒入油，把韭菜梗先下锅炒；

7. 翻炒几下马上放入韭菜叶；

8. 翻炒几下就可以加入盐；

9. 加入鸡精调味；

10. 把刚才炒好的鸡蛋放入搅拌就可以出锅了。

大家在炒的时候一定要随时观察锅中韭菜的变化，1分钟之内韭菜就熟了，所以一定要掌握好火候。

完美蒸水蛋

原料：鸡蛋　水　青豆　玉米　胡萝卜

调料：酱油　盐

做法：

1. 碗里打一个鸡蛋，大的碗要打两个，用筷子打匀；

2. 准备大半碗温水，里面放一点盐调味，淡一点即可；

3. 把温水慢慢倒入鸡蛋液中，边加边搅拌，倒到八分满左右；

4. 放入蒸锅，可以事先把蒸锅里的水烧热，碗上面不用加保鲜膜，锅盖盖上记得留一条缝隙；

5. 蒸十分钟左右即可出锅；

6. 热锅冷油加入玉米、青豆和胡萝卜丁翻炒，加一点水烧到快干的时候淋上香油；

7. 在蒸好的鸡蛋羹上加半勺酱油，放入上面炒好的蔬菜丁即可。

完美蒸水蛋的六大攻略

1. 一个鸡蛋做一碗（吃饭的碗），大碗就两个鸡蛋，但不要三个鸡蛋，那样鸡蛋羹就不鲜嫩了。

2. 记住鸡蛋打得很均匀后，加入淡盐水，这是最大的窍门，可以不让底部有沉淀，自己可以先尝尝这淡盐水的味道，要淡一点，因为后面还要放酱油。既然要加盐，自然用温水最好，这样盐可以事先在温水里溶化，和蛋液融合得更均匀。

3. 蒸的时候用不着给鸡蛋液加盖，有锅盖就可以了，但记得把锅盖留出一条缝。中途可以打开半个盖子来看看，表面全部凝结后再蒸一会就可以了，

蒸锅先加热一会再放入蒸，全程也就10分钟左右。

4. 玉米、青豆和胡萝卜可加也可不加，只是点缀，稍微增加点营养而已。

5. 鸡蛋液打均匀倒是很重要，如果不打均匀，蛋羹颜色黄白相间，口感也就不好了。

6. 打鸡蛋总有泡泡，这问题不大，这些泡泡不会多影响成品，打完后泡泡会自动消失，碗周边的一点小泡泡真的没有大碍。

冰镇茶叶蛋

原料：鸡蛋

调料：红茶　八角　陈皮　老抽　椒盐

做法：

1. 鸡蛋清洗干净；

2. 纱布里放入红茶后用线扎紧；

3. 砂锅里放入一半多点的水；

4. 放入4小块八角和6片左右的陈皮；

5. 盖上锅盖，把水煮开后放入茶叶包；

6. 加入两大勺左右的老抽；

7. 加入椒盐调味，让汤水适度咸一点；

8. 加入鸡蛋，改中火先煮5分钟；

9. 把鸡蛋拿出用勺子或者筷子敲裂；

10. 重新放入砂锅用中小火煮20分钟关火，凉透后放入冰箱冷藏浸泡过夜就可以吃了。

做出好茶叶蛋的8个秘籍

1. 要让煮出的茶叶蛋色泽漂亮，除了用老抽上色，不要忘了用红茶啊，如果放点乌龙茶味道会更香。

2. 做茶叶蛋，八角是不能少的，会给茶叶蛋带来香浓的味道。但是千万不要加花椒，因为花椒会把茶叶的味道压下去，虽然会有别的一番味道，但就不是茶叶蛋了。

3. 煮茶叶蛋的水的咸味一定要调好，要适当咸一点，这样茶叶蛋吃起来才够味。

4. 好吃的茶叶蛋自然也要做得健康，不是说煮的时间越久越好，但是茶叶蛋要入味，可以比平时多十几分钟。

5. 记住煮蛋的时候不能用大火，那样鸡蛋里的蛋白在没有煮熟就容易破壳流出来，影响美观和口感。

6. 水一定要没过蛋，这样可以让鸡蛋全方位上色，口感也好；

7. 放入陈皮的茶叶蛋不仅提升了口感，更是给茶叶蛋多了一份养生的功效。

8. 煮好后凉透放入冰箱冷藏一个晚上，早上再吃，口感一级棒，记得要把鸡蛋全部浸泡在烧好的茶叶水里，所以一开始的时候一定要放足水，用大点的容器，最后可以改用小点的容器浸泡茶叶蛋。

§鸡§

微辣子鸡

原料：鸡胸肉

调料：花椒 生姜 蒜 辣椒 料酒 醋 青椒 红椒 盐 葱 生粉

做法：

1. 鸡胸肉清洗干净，切丁；

2. 热锅加油后改小火放入姜末、蒜蓉、辣椒和花椒，煸炒出香味（这是"一煸"）；

3. 放入鸡丁翻炒，并放些许盐；

4. 加入料酒，开始第二次煸炒，目的是把鸡丁里的水分炒出来；

5. 接着可以加入醋，浸过鸡丁；

6. 盖上锅盖，开始中火焖煮三分钟（这就是"一焖"）；

7. 三分钟后改大火收汁，再勾薄芡，不要一次把碗里欠汁全倒完；

8. 加入青红椒丝，可以出锅了。

鸡肉里放醋，一点都不柴，非常鲜嫩，而且特别开胃。和白米饭拌在一起吃，那味道，神了。

制作要诀提示

1. 做这道菜的时候鸡肉不用事先处理，这样可以节约很多时间而且不影响最后的美味效果。

2. "两煸一焖"。"两煸"指的是煸调料和煸鸡肉，"一焖"是放了醋后焖鸡肉。

3. 在煸调料时要用小火，目的是把调料的香味煸炒出来，煸炒鸡肉的目的一是让其煸炒后更香，二是炒出里面的水分。

4. 加的醋要快浸过鸡丁，但也不能过多，防止焖的时间太长也会影响鸡肉的口感。

5. 最后一定要记得勾个薄芡，芡的量也只要一点，一小勺就够了。

6. 这道菜最后成品的效果最好是"见油不见汁"。当然，也不用过于苛求自己，即使一开始失误了，鸡肉还是很好吃的。

软嫩鸡丁

原料：青豆 鸡胸肉

调料：食用油 生粉 盐 蛋清 生姜
　　　白糖 白胡椒粉 料酒 鱼露
　　　香油

做法：

1. 青豆和鸡胸肉先清洗干净；

2. 把鸡胸肉片成薄片后切成和青豆大小的鸡丁；

3. 在鸡丁里加入一点盐和油；

4. 加入生粉和半勺蛋清；

5. 用手抓匀，放置15分钟；

6. 锅里放入油，开火把油烧到温热就可以，15秒左右；

7. 关火，放入鸡丁，用筷子把鸡丁划散；

8. 马上出锅把油过滤掉后备用；

9. 把刚才滤出的油再倒回一点到锅里；

10. 加入生姜炒出香味后放入青豆翻炒一下；

11. 加入半碗水，煮开，加一点白糖；

12. 加一点盐和一点白胡椒粉；

13. 用一勺生粉水勾芡；

14. 加入一点料酒和几滴鱼露；

15. 淋上香油；

16. 加入鸡丁快速翻炒几下就大功告成，出锅！

制作要诀提示

1. 今天把鸡胸肉切成青豆大小的鸡丁，切得小也是把鸡丁变嫩的办法，鸡丁很快吸收蛋清和生粉，由里到外都很嫩。

2. 鸡丁切好后放一点点盐，加入半勺生粉水和半勺蛋清，这两样必不可少，一定要加，鸡胸肉才会嫩，但是量都不要太多，搅拌后不见多余的水分，说明刚好。

3. 一定要把鸡丁抓匀，放点油让生粉和蛋清完全被其吸收，最好再放置15分钟，这样鸡丁会更软嫩。

4. 给鸡丁过油是关键，但切忌油温高了会变成油炸鸡丁。这里油温大概50摄氏度都不到，你先可以放一粒鸡丁试一下，如果沸腾起来说明油温已经太高了，马上关火，让油温降下来再放鸡丁。一般锅里加油后大火15秒后就差不多可以关火，再放入鸡丁，划散，鸡丁有点变白就要拿出。

5. 大家发现今天我是在青豆煮得差不多时把调料都先放好了，那是因为鸡丁只要几秒钟翻炒就可以，如果放了鸡丁再放调料那鸡丁又会变老，所以这个步骤也非常关键。

6. 今天的调料都是放一点点，特别是盐和鱼露，都是咸的，可不要放多了，又加了白胡椒粉和一点白糖，都是给菜增香的。

葱香白斩鸡

原料：鸡1只

调料：料酒　酱油　红油　麻油　蒜泥　生姜　葱

做法：

1. 鸡宰杀后清洗干净；

2. 先入沸水锅烫一下，提起，再连续烫，反复三次；

3. 放入料酒，再接着中火煮10分钟左右，将鸡翻身，再煮10分钟；

4. 鸡入冷开水中浸凉，捞出沥干后擦点麻油就可以切了，没有切完的鸡就浸泡在前面煮好的冷却后的鸡汤里；

5. 调蘸汁。小碗或者碟子里放入蒜泥和生姜碎，加入酱油、红油（是我自己添加的）、麻油、葱和白熟芝麻（也是我自己添加的）。

制作要诀提示

1. 做白斩鸡要选择嫩鸡，最好在1斤重左右。

2. 煮鸡的时候只要放料酒就可以了，最多再加点生姜，不可自作主张加其他调料。

3. 因为白斩鸡的老嫩与其所含水分的多少有关。煮鸡时，鸡细胞受热破裂，内部汁液流失，鸡身缩小，肉质紧，吃起来就感觉老。鸡煮熟后，放在汤汁中浸泡，能使细胞重新充水，形体重新饱涨，肉质就嫩了。

4. 在鸡身上涂麻油，可防止鸡皮风干，减少水分的蒸发。

5. 没有吃完的鸡肉一定要浸泡在鸡汤里，也就是吃多少斩多少，如果你嫌麻烦可以把鸡肉斩好后浸泡在鸡汤里，也不用擦麻油了，浸泡得久点，鸡肉更加鲜嫩多汁。

香气四溢麻油鸡

原料：嫩鸡　香菇　蘑菇

调料：生姜　麻油　食用油　料酒　白糖　盐　葱

做法：

1. 把嫩鸡清洗干净后切成块；

2. 准备半锅水，放入鸡肉焯水；

3. 在水里放入料酒煮开后把鸡肉再搅拌清洗掉浮沫；

4. 把鸡肉从锅中取出备用；

5. 生姜切成片，蘑菇切块，香菇事先在水里泡发好；

6. 热锅后加入少量的食用油，再加一小勺左右的麻油；

7. 下生姜片翻炒到颜色变深就可以了；

8. 加入焯好水的鸡块，翻炒几下；

9. 加入清水浸过鸡肉（想要多喝汤可以多加点水）；

10. 大火煮开后改小火煮10分钟左右；

11. 加入香菇和蘑菇继续小火煮5分钟左右；

12. 加入半勺白糖，加盐调味，最后可以适当多淋点麻油撒上葱花就可以出锅了。

麻油鸡好吃不上火的秘诀

1. 传统的做法是加很多的生姜放在麻油里高温炸，这样做显然吃了很容易上火。所以我先加食用油再加一点麻油，原来的油炸生姜改成煸炒，这样温度不是很高，生姜的量也合适。

2. 鸡肉先焯水去除腥味，而且在焯水的时候加入了料酒，这样等一会根本不用再加料酒，因为生姜也可以去腥的。

3. 选用的是嫩鸡，所以不用煮很久，加上了香菇和蘑菇让麻油鸡营养搭配更加合理。有了食用菌类的加入，当然更不容易上火。

4. 出锅前加一点白糖可以让汤汁味道更鲜美，最关键的是再次淋上麻油，那味道绝对香浓，麻油在锅里呆的时间不长，更加不容易上火了。

香辣薄荷烤翅

原料：鸡中翅9个

调料：烧烤酱　辣油　蜂蜜　胡椒粉　料酒
　　　香草（可以不加）　大蒜　老抽　生姜
　　　薄荷叶

做法：

1. 鸡翅冲洗干净后用牙签在鸡翅反面扎洞，骨头缝隙的地方也不要错过，这样调料就能进去，但要先吸干鸡翅表面水分；

2. 加两勺料酒（我加的是自己酿造的葡萄酒）；

3. 加入半勺胡椒粉；

4. 加入两勺烧烤酱，超市都有卖；

5. 加入香草，如果没有完全可以省略；

6. 加入两勺老抽；

7. 加入一勺辣油；

8. 加入切碎的姜和蒜；

9. 加入一勺蜂蜜；

10. 再加入少许盐；

11. 花草市场都有薄荷盆栽植物卖，从上面摘下几片叶子，把薄荷叶切碎后加入鸡翅中；

12. 把所有材料都用手搅拌均匀，然后把鸡翅放入冰箱冷藏至少2个小时以上，我一般冷藏12个小时；

13. 把鸡翅放在铺上锡纸的烤盘上，放入烤箱中层，温度180℃，20分钟，到15分钟时取出，在鸡翅表面刷上蜂蜜或者刷腌制鸡翅用的调料汁也可以。微波炉的话把鸡翅放在盘子里先高火3分钟，然后取出翻面再加2分钟就可以了。

做出美味鸡翅的8个妙招

1. 要让鸡翅入味，我以为用牙签扎小洞比用刀切开好，因为这样调料会慢慢渗进去，进去后不容易出来，烤的时候水分不会流失那么快。

2. 冷冻的鸡翅总有股味道，所以要先放在淡盐水里浸泡解冻后再彻底冲洗干净，最后加调料去腥。去腥的办法一般加料酒，葡萄酒也可以，或者用西方人常用的办法，挤点柠檬汁。

3. 调料的不同，烤出的鸡翅自然口味也不同。以多次试验来看，我建议不要放孜然粉，就是烤羊肉串的那种味道，如果你喜欢可以加，但我觉得外面餐厅里吃的都没有放，我试验过一次，放了后的味道我不喜欢。

4. 要让烤鸡翅香，有些调料是一定要加的，比如生姜和蒜，再加上烧烤酱或者五香粉、十三香粉之类的都可以，这些调料可以突出鸡翅的香。

5. 这道烤鸡翅里加了辣油，口感更是更上一层楼，而且辣油的辣度是每个人都能接受的。

6. 加入蜂蜜后，一来可以提升鸡翅的口感，二来可以让烤出的鸡翅油光发亮，味道卖相都有加分。

7. 今天这款烤鸡翅中我自创的一个亮点就是加了薄荷叶，可以让烤好的鸡翅有种淡淡的薄荷清香，更让人欢喜。

8. 温度不一样决定了烤的时间也不一样。比如你可以用180℃烤20分钟，或者是200℃烤，要注意翻面。有人用烧烤组合模式，其实微波炉的烧烤组合模式，以我来看，这组合基本没用，只是用高火烤一下停一下，实际烤出来的鸡翅不但不够火候，而且烤的时间也特长，根本没有高火的效果好。烤鸡翅还是选用高火更好。

特级凤爪

食材：鸡爪（又称"凤爪"）

调料：山楂 生姜 大葱 生抽 老抽 鸡精 料酒 白糖

美味凤爪的秘籍

1. 买回的鸡爪最好先焯水，一来去除杂物并消除腥味，二来焯过水的鸡爪肉质更紧，烧好了有嚼劲。

2. 不是所有的荤菜煮得越久就越好吃，以我的经验，鸡爪不能煮得太久，如果你煮了1个小时，就没有什么嚼劲了，20~30分钟就差不多了。

3. 鸡爪好吃，但是吃多了自然会长肉，加了山楂一来口感更好，二来山楂可以分解里面的脂肪，促进消化，有助于胆固醇转化，还有你们知道吗，山楂里的果胶也有抗辐射功效！

做法：

1. 买来的鸡爪再彻底冲洗一遍；

2. 不要忘了给鸡爪去指甲；

3. 山楂洗干净后用笔套在中间挖出一个洞可以很方便去除里面的籽，如果嫌麻烦，可以省略此步骤；

4. 水烧开后放入鸡爪焯水，大概半分钟就可以了；

5. 热锅后放几滴油就可以了，放入切好的生姜和大葱煸炒出香味后放入鸡爪炒一小会然后加水；

6. 加料酒；

7. 放入适量的生抽（半勺）和老抽（两勺），先大火烧开后改中火焖煮10分钟；

8. 10分钟后放入山楂；

9. 放一小勺白糖，继续中火焖煮10分钟；

10. 加鸡精就可以出锅了。

无水无油版鸡翅

原料：鸡中翅

调料：酱油　料酒　白糖　香葱

做法：

1. 鸡翅冲洗干净；

2. 开中火，放入鸡翅；

3. 翻炒2分钟左右，到鸡翅两面带点金黄色，有油水渗出；

4. 加入酱油上色，翻炒几下；

5. 加入料酒浸过鸡翅一半左右；

6. 大火煮开后改最小火煮6分钟；

7. 再次大火煮开，加入一点白糖收汁。

8. 最后撒上香葱就可以出锅了。

Tony爸爸说

简单的用料做出美味的鸡翅

1. 鸡翅最好先煸炒一下，但不用放油，一来让其肉质紧缩，二来把鸡翅皮下的脂肪煸出一点。这样做出的鸡翅吃起来毫无油腻感。

2. 酱油放入后要炒一会，这样可以给鸡翅上色，这样最后的鸡翅成品才会发亮。

3. 大家发现我没有放水改用料酒，大概有半碗，这样做一来去腥，二来省去了其他杂七杂八的调料，大蒜、生姜之类，三来让鸡翅更加香醇。

4. 鸡翅本来就容易熟，煮个5~6分钟绝对熟了，放心，最小火是不会把料酒煮干的。

5. 大家发现最后我开的是大火，这样是为了最后收汁，而且最后放了一点点糖。为什么不一开始放糖炒成焦糖色呢？其实很多人没有看过现在酱油的配料表吧，里面就有白砂糖，所以一开始不放糖也没关系的，最后只要稍微放一点增鲜，千万别多放，吃出甜味就不好吃了。

6. 有人总问我红烧菜要不要放盐，其实现在做红烧菜都没有必要放盐，因为我们有酱油啊，老抽是用来上色的，生抽就是调味的，所以大多数红烧菜都不用放盐了。

水晶虾仁西兰花

原料：虾仁　西兰花

调料：柠檬　料酒　蛋清　生粉　盐　鸡精

做法：

1. 先去除虾仁里的泥肠，然后挤半个柠檬汁腌制15分钟。

2. 利用这个时间切好西兰花。锅中把水烧开，放盐和滴几滴橄榄油，放入西兰花焯一分钟后装在盘里就可以了。如果你这样吃不惯的话可以放到锅里放油再炒一下。

3. 去除虾仁的多余水分，可以用厨房用纸吸干，然后加入一勺淀粉、一勺料酒、少量的蛋清，充分搅拌后再加入油、盐、鸡精（不用腌制了）。

4. 热锅，倒入橄榄油。

5. 放入生姜，炒出香味后把生姜拿出。

6. 放入腌制好的虾仁大火开炒，半分钟内完成。快出锅时稍微勾点芡就可以了。

火龙果芦笋炒虾仁

原料：对虾　芦笋　火龙果

调料：料酒　生粉　鱼露　盐　香油

做法：

1. 火龙果对半剖开；

2. 在上面用刀均匀划出方格后用手挤推出果肉；

3. 把果肉再切成长短一样的方丁备用；

4. 锅里放入生姜片加水煮开，把洗净处理后的对虾放入锅里煮熟后拿出，放入冷水泡一下；

5. 把对虾去壳，取虾仁备用；

6. 芦笋清洗干净，下半段削皮，切断后焯水，记得在水里滴几滴油；

7. 焯水后的芦笋马上用冷水过凉，备用；

8. 热锅冷油，加入虾仁翻炒，加点料酒；

9. 放入芦笋翻炒片刻即可加盐，滴几滴鱼露；

10. 放入火龙果丁，大火，用生粉勾薄芡，淋上香油即可出锅。

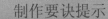

制作要诀提示

1. 芦笋有点苦味，焯水后口感好点，焯水时记得在水里滴几滴油，这样可以不让芦笋过快地变色发黄。芦笋的末端可不要扔掉，削皮即可。

2. 虾仁已经熟了不必炒很久，火龙果也要最后放，熟了口感不好再者营养也没了。

3. 火龙果放半个差不多了，如果孩子爱吃多放也没关系，没有鱼露不放也可以。

4. 勾薄芡可以让菜色更加好看，味也更美。

江南版油焖虾

原料：沼虾或者对虾

调料：食用油　料酒　生姜　老抽　生抽
　　　　白糖　葱

做法：

1. 买回的虾用清水再养一会；

2. 剔除虾泥肠，剪去虾脚、虾须和虾枪；

3. 再次冲洗干净；

4. 热锅冷油加入生姜煸炒出香味；

5. 把虾倒入锅里，先加老抽翻炒上色；

6. 加入一些生抽翻炒几下；

7. 点入料酒翻炒一下后再倒入一些料酒；

8. 加半碗水，加一勺糖，调味，煮开焖2分钟，撒上葱即可。

制作要诀提示

1. 做这道油焖虾还真少不了糖的提味，加与不加味道差别很大，大家不妨比较一下。

2. 剔除泥肠时用牙签穿透虾背上靠近头的第二节，一挑就出来了，但最简单的办法是用剪刀在虾背部剪开，这样最快。

3. 至于虾怎么样才算入味，仁者见仁智者见智，你煮得太久，虾是入味了，但营养和鲜味会大打折扣，不妨少煮一会，剥除虾壳后，虾肉蘸着剩余的汤汁吃。

极品宴客干锅虾

原料：沼虾

调料：大蒜　生姜　蚝油　老抽　生抽　白糖　料酒

做法：

1. 大蒜放入开水浸泡3分钟，拿出后用刀把大蒜根部切除，这样可以非常轻松地把大蒜的外衣剥去，用刀背把大蒜拍扁；

2. 把生姜切片；

3. 把生姜片和大蒜放入陶瓷锅底；

4. 清洗沼虾，剪去触须和脚；

5. 用牙签剔除里面的泥肠；

6. 把沼虾放在铺了大蒜和生姜的陶瓷锅里；

7. 准备一个小碗，加入两勺蚝油、两勺老抽、一勺生抽、两勺料酒、小半勺白糖，搅拌均匀；

8. 把调好的汁倒入陶瓷锅；

9. 加入一勺橄榄油，大火烧开后改中火加盖焖3分钟后，再淋上一勺橄榄油，撒上葱，看到汤汁收得差不多就关火。如果锅底还有汤汁，可以开大火让其加快收汁，那样就可以出锅了。

§ 鱼 §

咸菜春笋煮鱼片

材料：春笋　鱼片　咸菜

调料：橄榄油　盐　淀粉　蛋清　料酒　鸡精

做法：

1．先要处理鱼片。在鱼片中加入适量的油、盐、蛋清、淀粉和料酒用手抓匀后腌制20分钟。

2．春笋切成薄片，咸菜切碎。

3．热锅后加入橄榄油。放入鱼片，不要搅拌可以轻轻晃动锅子，颜色变白后取出。

4．锅中不用放油，春笋和咸菜下锅煸炒后加少许水再放入鱼片，先不要翻动鱼片。

5．放盐。

6．加入鸡精，用勺子把锅底不多的汤汁不时地浇在鱼片上，然后把鱼片和春笋、咸菜搅拌一下就可以出锅了。

香煎小黄鱼

原料：小黄鱼

调料：生姜　生抽　老抽　料酒　大蒜　白糖

做法：

1. 把黄鱼清洗干净后用厨房用纸擦干或者电风扇吹干表面的水分；

2. 大蒜清洗干净后在电饭煲烧饭的时候蒸熟；

3. 热锅后加入食用油，烧至7成热放姜片，改中火；

4. 马上放入小黄鱼，30秒后再翻煎另一面；

5. 加入适量的老抽上色，适量的生抽增味，一点料酒去腥；

6. 加入大半碗水；

7. 加入前面蒸熟的大蒜，大火煮开后改中火；

8. 加入白糖，最后收汁加点鸡精即可出锅。

煎鱼不破皮成功率百分百的绝招

1．把鱼表面的水分擦干或者吹干，否则一来在煎鱼的时候油会溅开来，二来很容易粘锅，这样就容易破皮。

2．用热锅热油法。在解释什么是热锅热油前，我们要先了解热锅冷油。现代人讲究健康，做菜都用热锅冷油法，也就是先把锅烧得很烫放入油后就可以马上炒菜，这样不会影响菜的口感，而且由于油没有被高温加热所以不会有致癌物质挥发出来，大多数时候我们应该要这样做，特别是烹饪蔬菜的时候；但是我们在煎鱼的时候，最好采用热锅热油，也就是热锅后放入食用油，不要马上放鱼，让油温适当再上升点温度，大概70℃，但也不要把油加热到冒烟，那个时候就有可能有致癌物质挥发出来。热锅热油煎鱼，是鱼皮不破的最大绝招。

红烧爆鱼

原料：草鱼（青鱼）

调料：生抽　老抽　姜　料酒　茴香　桂皮　白糖

做法：

1. 把鱼清理干净去除鱼腥线后剁去鱼头和鱼尾；

2. 把中间这段剁成块；

3. 再把大的几块中间剁开分成两半；

4. 清洗干净，放入切好的姜末（可以省去）、三勺料酒、三勺生抽、两勺老抽，腌制两个小时；

5. 把腌制好的鱼块拿出来晾干（两个小时左右），再去除沾在上面的姜末；

6. 锅中加入多一点的油，油温很高的时候，小心放入鱼块开始炸，第一次炸完后从锅中拿出再炸一次，那样的鱼块水分基本没有了，鱼的口感会相当不错；

7. 炸完鱼后，在干净的锅中加入少许水，放入茴香和桂皮，煮五分钟左右的时间，水不够可以添加；

8. 把刚才前面腌制鱼块的汁水放三勺到锅中；

9. 加入一勺白糖，自己调味，咸中带甜就可以了；

10. 放入刚才炸好的鱼块；

11. 小心搅拌，让汁水进入鱼块。由于鱼块是刚炸好的，所以吸水的速度很快，一分钟左右就可以出锅了。

制作要诀提示

1. 大家可以省略腌鱼的步骤，鱼洗干净后晾干就可以马上炸了，效果一样好。

2. 炸的过程中不能翻动鱼块，那样很容易弄碎鱼块。

3. 为了防止鱼块碎掉，可以把鱼块放在大的漏勺里面再放入油锅炸，这样就不会粘到锅底了。

4. 做这道爆鱼最主要的难点是一定要把鱼里面的水分炸出来，那样才会变成真正的爆鱼，所以建议炸两次。

5. 爆鱼炸好后放在调好的卤汁里稍微小火熬一下就可以了，千万不要长时间煮，把鱼煮烂了就不好吃了。

6. 如果喜欢又酸又甜的口味，在加糖的同时可以放一勺醋，那样也别有一番风味。

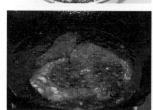

"切、找、拍、拽"轻松去除鱼腥线

鱼都有腥味，那是因为鱼体内有一种黏液腺，这种黏液腺分泌出来的黏液里含有带腥味的三甲胺。在常温下，三甲胺容易从黏液里挥发出来，散布于空气中，人们闻到这种挥发在空气中的气味，便是腥味。

鱼里面藏着一条白色的鱼腥线，两面各有一条，如果能去除两面的白色鱼腥线，鱼的大部分腥味会被带走。看看Tony教你怎样轻松去除鱼腥线：

1. 在距离鱼头一厘米左右的地方切开，如果你用不着鱼头也可以全部切下来，如果用得着的，那么就这样切开，不要切断。接下来，找到一个红点，红点中央有个白点，先别急着拉，要用刀背稍微用力地在鱼身上敲打几下，七八下也就差不多了。

2. 然后你就可以抓住这个白点，把里面的鱼腥线给拽出来，看，出来了吧！用同样的方法把另一面的鱼腥线拽出来就可以了。

养生鲫鱼汤

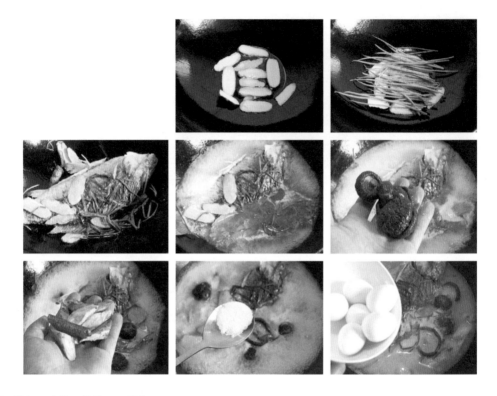

原料：鲫鱼　牛蒡　鹌鹑蛋　香菇

调料：食用油　葱　姜　盐

做法：

1. 牛蒡清洗后削皮滚刀切小块；

2. 姜切片，葱分别切长段和花；

3. 鹌鹑蛋煮熟剥壳；

4. 香菇提前浸泡；

5. 热锅后加入适量食用油，生姜片铺在锅底；

6. 葱段也铺在锅底；

7. 放入鲫鱼，改小火，一开始不要翻动，3分钟后再翻煎另一面；

8. 加入开水，即将浸过鱼身，盖上锅盖大火煮5分钟；

9. 加入浸泡好的香菇和牛蒡片继续大火煮5分钟左右；

10. 加盐和味精调味；

11. 加入鹌鹑蛋撒上葱花就可以出锅了。

制作要诀提示

1. 除了用我一贯的放姜片防止鱼皮粘连，我还铺了一层香葱，这样更好地给鱼去腥的同时也会给鱼增香。因为加了生姜和香葱，所以不放料酒。

2. 除了用常用的煲汤食材香菇，这次还加了牛蒡和鹌鹑蛋，这样可以进一步提升汤的鲜度和营养。

Tony爸爸说

这次在鲫鱼汤里我放了一种特殊的蔬菜，叫牛蒡。牛蒡为菊科草本直根类植物，是一种以肥大肉质根供食用的蔬菜，叶柄和嫩叶也可食用，牛蒡子和牛蒡根也可入药。中医认为它具有利尿、消积、祛痰止泄等药理作用。我国《现代中药学大辞典》、《中药大辞典》等药典中认为牛蒡有促进生长的作用。

秘制长江鲻鱼

原料：鲻鱼

调料：生抽 老抽 黑胡椒粉 蚝油 白糖 白酒
　　　大葱 生姜 辣椒酱 豆瓣酱 香葱

做法：

鱼的处理

1. 买来的活鱼去鱼鳞，清理内脏；

2. 把鱼切成两半；

3. 再用水清洗干净备用；

做腌制的调料

4. 小碗里放入小半碗生抽，一勺老抽；

5. 加入一勺蚝油，半勺黑胡椒粉；

6. 加入半勺白糖，一勺白酒；

7. 加入一勺大葱末和生姜末；

腌制鱼

8. 加入半勺辣椒酱和豆瓣酱，涂抹鱼的全身；

9. 加入上面调好的酱汁倒在鱼上，腌制15分钟；

最后的烹饪

10. 热锅后加入橄榄油；

11. 把鱼拿起尽可能沥干酱汁；

12. 放入锅中马上开小火，不要翻动鱼；

13. 3分钟后开大火，加入前面的腌鱼的酱汁；

14. 加入小半碗的清水，大火煮开后盖上锅盖中火煮到汤汁收得差不多就可以出锅了；

15. 出锅前撒上葱花。

说说新锅开锅前的123

1. 新锅买回来首先要清洗干净，这是最基本的，这是常规；

2. 用水烧是通过加热除去锅里怪异味道，加热煮沸，怪味连同水蒸气被带走；

3. 给锅擦油，这叫润锅，以后锅也会更耐烧。

新锅的具体处理方法：

1. 先把锅底的标签撕去；

2. 用洗洁精清洗后放水，浸过锅一半以上；

3. 把水煮开，3分钟后关火；

4. 把水倒掉；

5. 把锅重新加热一下让水分蒸发；

6. 用脱脂棉或者干净的布沾点食用油，把锅里面都擦一遍再开火热锅1分钟左右就可以直接用了。

新手入厨必须要知道的10个做菜小常识

1. 做菜要热锅凉油

很多人是锅稍微热了就加油，然后把油烧到冒烟为止，这样炒出的菜是好吃，但这样的油对人体危害很大。植物油里面含有的反式脂肪很少，但是油温过高会产生反式脂肪。比如，经过高温油煎油炸的食物就含有反式脂肪。而如果同一份油反复使用，也会产生反式脂肪。这里提醒大家，烹饪时油温别过高，使用过一次的油坚决倒掉，千万不要循环使用，免得危害健康。所以烹饪时先把锅烧得很烫，甚至有一点冒烟也没关系，然后加油后可以马上把蔬菜放入炒，丝毫不会影响蔬菜的口感，和你用高温油炒出来效果一样而且更加健康。

2. 炒蔬菜的时候记得要大火

这样时间快，蔬菜里的维生素流失得也少，蔬菜中所含的营养成分大都不能耐高温，尤其是芦笋、卷心菜、芹菜、甜菜和大白菜等有叶蔬菜，久炒久熬，损失的营养较多。有些蔬菜在烹饪过程中加几滴醋或者勾芡都可以很好保护蔬菜里的维生素。

3. 哪些菜需要焯水？怎么焯水？

1）焯水可以使蔬菜颜色更鲜艳，质地更脆嫩，减轻涩、苦、辣味，还可以杀菌。如菠菜、芹菜、油菜通过焯水会变得更加的绿，苦瓜、萝卜等焯水后可减轻苦味，扁豆中含有的血球凝集素通过焯水可以除去。

2）焯蔬菜时，一般用沸水。在水中加点盐和油，可以让蔬菜色泽更加鲜艳，还能保持蔬菜的营养。在蔬菜投入沸水之前加盐，在投入之后加油，蔬菜在盐的渗透作用下所含的色素会充分显现出来，而油则会包裹在蔬菜周围，在一定程度上阻滞了水和蔬菜的接触，减少了水溶性物质的溢出，还能减少空气、光线、温度对蔬菜的氧化作用，使其在较长时间内不会变色。当然焯水后也可以马上放入冷水里，这样也可以防止蔬菜变黄。

3）可以使肉类去除血污及腥膻等异味，如牛、羊、猪肉及其内脏焯水后都可减少异味。如果说这是消毒也可以的哈！一般是在烹调前先将肉放入冷水中，加热至水开，这样可以更好地去除脏东西，也可以使肉质鲜嫩。

4. 如何切肉？

记住一句话：横切牛羊，竖切猪，斜切鸡。猪肉的肉质比较嫩，肉中筋少，顺着切就可以了。牛肉质老（即纤维组织），筋多（即结缔组织多），必须横着纤维纹路切，即顶着肌肉的纹路切（又称为顶刀切），才能把筋切断，以便于烹制适口菜肴。如果顺着纹路切，筋腱会保留下来，烧熟后肉质柴艮，咀嚼不烂。鸡肉和兔肉最细嫩，肉中几乎没有筋络，必须斜顺着纤维纹路切，加热后才能保持菜肴的形态整齐美观，否则菜肴会变成粒屑状。

5. 蔬菜应该怎么清洗？

蔬菜买回家都要清洗，因为怕有残留农药，所以一定要在水里反复清洗，即使用浸泡法，过十分钟后最好也要换一次水。这里我还是隆重推荐大家用淘米水，用淘米水洗菜能除去残留在蔬菜中的部分农药。因我国目前大多用有机磷农药杀虫，这些农药一遇酸性物质就会失去毒性。在淘米水中浸泡10分钟左右，用清水洗干净，就能使蔬菜残留的农药成分减少很多。

6. 肉类应该怎么腌制？

腌制肉，如果是为了让肉嫩一些，就用水淀粉。用于去腥是用料酒、姜。用于入味自然就是盐了。为了上色可以放少量的糖和酱油，或者老抽。腌制的时候一般用水淀粉，料酒和盐是不能少的，其他的视情况而定。生粉一般要后放，因为如果先放生粉再放别的调料肉就不进味了。一般炒的、烤的肉菜都需要腌制，炖菜就直接焯水不用腌制。

7. 大蒜怎么剥怎么切？

做菜少不了葱姜蒜，但是很多人觉得剥大蒜切大蒜很麻烦，其实一旦掌握了方法是能节省很多时间的。干大蒜买来其实只要在开水里一烫就可以很利索地剥去大蒜的外衣，然后把用刀背压扁大蒜，就可以切成蒜粒或者蒜泥了！

8. 做菜什么时候加盐？

一般现在营养学家都提倡大家后放盐，有些菜必须先放盐的除外，比如做烤、炸类食物。后放盐还有很多好处：当你在炒菜初期放入盐，当菜炒熟时会损失盐的咸味，如果在咸味相同的情况下，后放的盐量要少于先放的，所以后放能达到少放盐的作用。当炒叶类蔬菜时如果先放盐，会让蔬菜的鲜味和维生素损失，菜的色泽也不好。当然，后放盐并不是说要关火的时候才放，要看你炒的菜的品种，叶类的在关火前放好就可以，根茎和肉类的可以在菜八九分熟的时候放。为了身体健康越往后放越好。

9. 蒸菜是最能保持食物营养的办法？

做菜从营养角度上讲，油炸是最不健康的，要少吃。最健康的做菜方式自然是蒸，它能最大程度上保留食物的营养的同时，热量也没有油炸的或者炒的菜高，所以可以根据食材的不同特性尝试多做蒸菜。

10. 煮饭用凉水还是开水？

蒸饭煮饭都是淘米后放冷水再烧开，这已是司空见惯的事了，但事实上，正确的做法应该是先将水烧开，用开水来煮饭。那么，这样做的好处是什么呢？

1）开水煮饭可以缩短蒸煮时间，保护米中的维生素。大米含有大量淀粉，用开水煮饭时，温度约为100℃（水的沸点），这样的温度能使米饭快速熟透，缩短煮饭时间，防止米中的维生素因长时间高温加热而受到破坏。

2）将水烧开可使其中的氯气挥发，避免破坏维生素B_1。维生素B_1是大米中最重要的营养成分，而我们平时所用的自来水都是经过加氯消毒的，若直接用这种水来煮饭，水中的氯会大量破坏米中的维生素B_1。用烧开的水煮饭，氯已多随水蒸气挥发了，就大大减少了维生素B_1及其他B族维生素的损失。

3）开水烧饭还不容易粘锅，产生的锅巴也少。

六个绝招让你炒出一盘有滋有味的蔬菜

1. 多加点蒜泥。蒜泥煸炒出香味后味道马上会融合进蔬菜中，裹上浓郁蒜香的蔬菜味道就是好啊。

2. 加入少量肉糜。把肉剁成肉泥后加盐和料酒，然后先放蔬菜后放肉泥炒，蔬菜沾上了肉香，不好吃也难啊。

3. 有些蔬菜在入锅前要焯水，比如菠菜里面有草酸钙，豇豆如果炒得不熟可能会引起中毒。所以焯水后再炒，反而会让蔬菜更快入味，因为蔬菜表面的毛孔已经打开，很快吸收周围食材的香味。

4. 放点辣椒。辣椒让菜的味道更加突出的同时也会给菜本身增加吸引力，当然不是越辣越好，这个还是以家里人的承受能力来放。

5. 盐在后半段加。做菜有时要先放盐，有时候要后加盐，但炒蔬菜最好在后半段加盐，那样炒出的菜肴嫩而不老，菜也入味，养分损失也少。

6. 炒蔬菜一定要记得大火，这样的菜不仅色美味香，而且营养流失得也少。

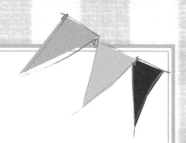

零失误
速成全素餐

　　在小孩子的发育成长过程中，我们一定要注意他们的营养均衡，平时还要讲究荤素搭配。很多孩子在小的时候只吃荤菜不吃素菜，到了青少年阶段刚好相反只吃素菜不吃荤菜，这两种做法都会影响孩子的发育。荤素食材的营养特点是含较多碱性物质、维生素以及粗纤维。粗纤维虽然不是营养物质，也不能被消化吸收，但能促进肠胃蠕动，增进消化和排泄功能。肉、禽、鱼、蛋、奶等食品，均属于荤食，从营养的角度来看，它们不仅含有丰富的蛋白质、脂肪、无机盐、维生素及氨基酸等，内含的蛋白质也属于优质蛋白，是维持人体健康不可缺少的物质。当然，也有很多人懂得健康的饮食要荤素搭配。但究竟怎么搭配才真正健康呢？荤多素少，还是荤少素多？有研究表明，荤菜和素菜的最佳比例在1:3至1:4之间，简单的说法就是"一口肉配三口菜"。

荤食与素食搭配原则

1. 荤素平衡：保持身体健康的根本就在于荤素食物的种类和数量要均衡，这样才能保证身体吸收到充足的优质蛋白质、必需的氨基酸、各种维生素、无机盐及膳食纤维。

2. 以素为主：绝对"素食主义"不科学，但我们提倡以素食为主、荤食为辅。这样既保证了对荤食中营养的有效吸收，又防止进食过多荤食而引起疾病。当然，这一原则也要因人而异，灵活掌握。

　　做出可口素菜也是不简单的，有其常规法则。炒蔬菜的时候记得热锅冷油。这是中餐烹饪的一大进步。很多人以为热锅冷油就是锅稍微热了一下就倒入油，然后把油温烧得很高再炒菜，这是非常错误的做法，对身体是有害的，因为油温越高就越容易产生致癌物质，所以正确又健康而且丝毫不影响炒菜的口感的做法是先把锅烧到几乎要冒烟，这时加入油，稍微等待10秒即可下菜炒了，这样炒出的菜营养又美味。再者要大火，这样时间快，蔬菜里的维生素流失得也少，因为蔬菜中所含的营养成分大都不能长时间耐高温，尤其是芦笋、卷心菜、芹菜、甜菜和大白菜等有叶蔬菜，久炒久熬，损失的营养较多。有些蔬菜在烹饪过程中加几滴醋或者勾芡都可以很好保护蔬菜里的维生素。当然素菜不只是蔬菜，菌类和豆制品也是素菜。很多人总觉得素菜口味太清淡，不好吃，这里Tony就再给大家一个绝招，那就是有时我们可以用高汤为素菜加"味"提"鲜"。原料都是素菜，烹饪的时候却是放在肉汤里，慢慢煨出来，吃起来滋味鲜美却不油腻。有时我们可以利用有些素菜自身的鲜味，比如竹笋、菌类和别的素菜搭配也可以做出美味佳肴。只要花点心思动点脑筋，肯定可以让自己的孩子喜欢上吃素菜。

酱香小炒素三丁

原料：香干　毛豆　胡萝卜

调料：豆瓣酱

做法：

1. 毛豆剥好，豆腐干和胡萝卜都切成丁；

2. 热锅冷油；

3. 加入毛豆中火翻炒2分钟；

4. 加入胡萝卜丁中火再翻炒2分钟；

5. 放入豆腐干翻炒一下后马上放入适量豆瓣酱；

6. 点水大火翻炒半分钟左右即可出锅。

制作要诀提示

豆瓣酱一定要后面放，一开始就放容易炒糊了。如果你买的豆瓣酱很干，说明品质好，含水量越多说明质量越差。放入豆瓣酱后可以点水翻炒，那样口感更好。

南极海茸筋炒双蔬

原料：南极海茸筋　胡萝卜　山药

调料：食用油　生姜　盐　葱　香油

做法：

1. 取一些海茸筋用清水泡发两个小时，再冲洗一下备用；

2. 胡萝卜和山药切片；

3. 热锅冷油加入生姜片炒出香味；

4. 加入胡萝卜煸炒几下后放入泡发好的海茸筋；

5. 放少许料酒翻炒几下；

6. 加入半碗左右的水煮开；

7. 加入山药片；

8. 用盐调味，撒入葱，淋上香油即可出锅。

Tony爸爸说

这道菜式专门做给Cute lady的。海茸筋是生长于南极维多利亚岛年均海水温度4℃以下无污染海域中的纯天然优质极地海藻。因特殊生长环境及人工采摘期短作业困难等因素，导致年产量极少。口感丰满、筋道、很脆、味鲜。它除了含有远高于陆地植物所有营养成分如蛋白质、维生素、纤维素、钙、碘、钠、铁、钾、磷、锌、硒元素等外，更具海洋独有的20多种营养成分：藻朊酸藻聚糖、岩藻固醇、EPA（不饱和脂肪酸）、SOD（超氧化歧化酶）等，还拥有丰富的胶原蛋白——海藻胶原蛋白可以促进人们皮肤的角质细胞分化，使其得以明显改善。

海茸筋有种海腥味，我们可以在泡发后先焯一下水，我在炒制的时候加了生姜和一点料酒，最后点了点香油可以掩盖其腥味，大家还可以尝试加入豆瓣酱或者辣椒酱，应该也很好吃。

凉拌要诀提示

1. 黄花菜在焯水后还要用凉开水多清洗，直到没有颜色；

2. 百合和黄花菜焯水时间都不宜过长，水开后放入，再次煮开就可以拿出放入凉开水里过凉，这样食材仍旧很清脆；

3. 喜欢吃辣的可以加入辣油，还可以淋点麻油增香，柠檬可以增加凉拌菜的清香，没有的话也可以不放。

凉拌百合黄花菜

原料：干黄花菜　新鲜百合

调料：橄榄油　大蒜　柠檬　苹果醋　盐　芝麻

做法：

1. 干黄花菜用冷水浸泡一个小时左右再清洗几遍；

2. 锅中加水，水开后放入浸泡好的黄花菜，再次煮开半分钟后拿出放在凉水中清洗几遍，后挤干水分备用；

3. 百合清理干净，锅里水开后放入百合，再次煮开后用冷水过凉后放入黄花菜里；

4. 大蒜用刀背拍一下切成蒜泥；

5. 在黄花菜里加入蒜泥和苹果醋；

6. 加几滴柠檬汁；

7. 加盐调味，加一点橄榄油搅拌均匀撒点芝麻即可。

凉拌蓑衣黄瓜

原料：黄瓜

调料：盐 白糖 醋 香油

做法：

1. 黄瓜清洗干净后在黄瓜两边放两根筷子；

2. 90度直角把黄瓜切成薄片，因为有筷子所以可以防止把黄瓜切断；

3. 切完一面后把黄瓜翻身；

4. 刀的角度改为45度左右，也切成薄片就好了；

5. 把切好的黄瓜放入碗里，加少许盐，均匀撒在黄瓜表面，腌制20分钟；

6. 把腌制后的水倒掉；

7. 加一勺白糖、两勺生抽、两勺米醋（白色、黄色均可）、半勺香油即可。

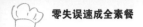

莴苣拌小番茄

原料：莴苣　小番茄　蓝莓　香菜　美国大杏仁

调料：盐　生抽　醋　鸡精　橄榄油　花椒　白糖

做法：

1. 莴苣清洗干净，叶子拿掉（但不要扔掉，可以炒菜），削皮后切成条状；

2. 在莴苣里加少许盐搅拌后腌制15分钟；

3. 清洗小番茄，把小番茄一切为二；

4. 把腌制莴苣后里面多余的水分倒掉。加入小番茄；

5. 加入清洗干净的蓝莓；

6. 加入一把美国大杏仁；

7. 加入清洗后切好的香菜叶；

8. 锅里加入橄榄油后放花椒小火煎出香味就可以了，但不要把花椒烧焦了；

9. 加一勺白糖、三勺醋、三勺生抽、适量鸡精；

10. 把刚才煎好的花椒油放凉后放两勺拌匀。

制作要诀提示

1. 最重要的是这道菜里的蔬菜和水果都要选择新鲜的。新鲜才水嫩多汁，口感才好，营养自然更好。特别提醒，如果买不到蓝莓，可以改用别的水果，比如提子、西梅等。

2. 为了你的健康，选择番茄的时候要选择颜色深的，还有一个窍门就是不要选择那些尾部尖尖的番茄，因为这种番茄在没有成熟就采下来，是放催熟剂催熟的。

3. 既然要完美，那么就健康到底，建议做凉拌菜最好用橄榄油。

4. 莴苣为什么要用盐腌制一下呢？因为莴苣有点苦涩，腌制一下口感更好。

5. 为了保证健康，所有食材在清洗后放在凉开水里再清洗一遍。

6. 花椒油也可以买到。但既然很容易做，那么做一下又何妨啊！只要中小火和小火交替就可以煎出香浓的花椒油。

7. 为了保证调料充分被食材吸收，建议把食材放在一个比较大的容器里充分搅拌后再装盘。

凉拌黄秋葵

原料：黄秋葵

调料：醋 生抽 醋 蒜 红糖 香油

做法：

1. 黄秋葵清洗干净；

2. 锅里的水煮开后加入黄秋葵；

3. 加入几滴食用油；

4. 煮两分钟后拿出放在凉水里过凉；

5. 用剪刀剪成小段，同时去掉果蒂；

6. 放入适量的生抽、蒜泥、醋，以及一点红糖和香油，搅拌均匀即可。

制作要诀提示

1. 焯水的时间越久，黄秋葵也会变得越软，这时候里面的汁液会流出来，营养就容易流失掉，所以时间要把握好。

2. 焯水前不要把黄秋葵切开，那样营养也会流失。我是焯好水后才再去除果蒂，所以焯水的时候蔬菜是整的，又加了点油，可以在蔬菜表面覆盖上一层保护膜，里面的营养不会有任何的流失。

3. 我做凉拌菜的时候，最常用的调料就是生抽、醋、香油和白糖，这次换了红糖味道也一样好。当然糖是点缀，让凉拌菜更鲜美。

海鲜酱炒红菜薹

材料：红菜薹

调料：海鲜酱（或者甜面酱）

做法：

1. 先清洗好红菜薹；

2. 把红菜薹切成段；

3. 热锅后放入色拉油；

4. 先放入菜杆煸炒大概一分钟；

5. 接着放入叶子煸炒；

6. 炒到叶子焉了为止，旺火的情况下半分钟就足够了；

7. 接下来放一勺海鲜酱；

8. 拌匀后就可以起锅了。

清炒白芝麻蒜苗

原料：蒜苗

调料：食用油　盐　香油　熟白芝麻

做法：

1. 清洗蒜苗后切段；

2. 水烧开后放入蒜苗；

3. 加一点食用油；

4. 一分钟后拿出冲凉尽量滤干水分；

5. 热锅冷油后加入蒜苗；

6. 大火点水爆炒；

7. 加盐调味，淋上香油装盘再撒上点熟白芝麻。

将蒜苗炒得既碧绿又爽脆的窍门

1. 先给蒜苗焯水，这样可以缩短在锅里爆炒的时间。

2. 蒜苗焯水的时候加几滴油可以让炒出的菜更加碧绿。

3. 焯好水后过凉水，是让菜炒过后仍旧爽脆的一个大窍门。

4. 蔬菜经焯水后，可以破坏其氧化酶系统，防止蔬菜进一步变色和维生素C被氧化。同时使细胞内的原生质发生凝固、失水，造成质壁分离，细胞膜的通透性进一步增大，使焯过的蔬菜烹调时更加便于入味，调味品也容易渗透到组织细胞之中。

干煸扁豆

原料：扁豆

调料：食用油　海鲜酱

做法：

1. 摘去扁豆两头，洗净；

2. 锅中把水煮开，放入扁豆焯水；

3. 加半勺食用油；

4. 水再次煮开后取出扁豆，迅速过凉水，滤干水分；

5. 热锅冷油，下扁豆；

6. 放入两勺左右的海鲜酱；

7. 用小半碗的开水点水不断翻炒后出锅。

制作要诀提示

1. 扁豆加工前，先把扁豆的两头和荚丝择掉。这是因为，扁豆两端及荚丝或老扁豆的毒素为最多。烹调时间越长，这些毒素就越容易遇热挥发掉。而判断扁豆是否熟透的方法是：扁豆由挺变为蔫弱，颜色由鲜绿色变为暗绿，吃起来没豆腥味。最好的办法是先焯水再炒就问题不大了。

2. 要让扁豆入味，用海鲜酱、辣酱或者豆瓣酱都是很好的办法，这样，不用加别的任何调料。

3. 干煸过程中用点水的办法不断翻炒，可以让扁豆吃起来不会干巴巴，而且更入味。

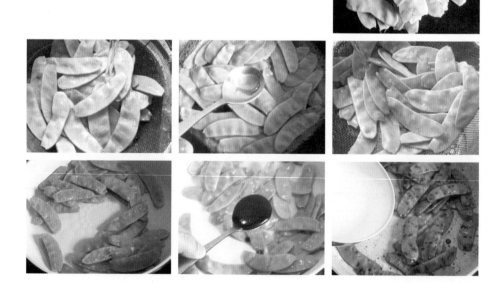

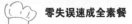
浓香洋葱炒土豆块

原料：土豆　洋葱

调料：橄榄油　黄油　盐　胡椒粉　自制味精　香芹干片

做法：

1. 土豆清洗干净后直接滚刀切成小块；

2. 洋葱切成小碎粒；

3. 热锅加入橄榄油，放入洋葱煸炒到焦黄为止；

4. 在炒洋葱的同时，准备好另一个锅子，热锅后加入适量的黄油；

5. 黄油熔化后放入土豆中火不断翻炒；

6. 把土豆炒到有点焦黄，尝一下已经熟得差不多了就把已经炒成焦黄色的洋葱倒入土豆里再翻炒；

7. 加入盐和胡椒粉调味；

8. 撒上香芹干片再翻炒几下就可以出锅了。

虽然卖相一般，但这道菜真的很好吃！爱吃土豆的朋友，不要错过哦。

制作要诀提示

1. 这道菜里洋葱一定要炒到焦黄才更香。

2. 土豆不去皮反而更香，我们平时吃土豆去皮，没错，那样口感更好。但是今天我没有去掉，因为土豆皮经过翻炒会萎缩，最后会自动掉下来，而且焦黄了，给土豆增香。那么土豆皮可以吃吗？我一搜，找到一个专业的回答：土豆是个好食物，不仅能有助控制体重，还会降低患高血压和中风的危险。土豆的外皮富含维生素和钾，削皮吃会损失营养。研究显示，紧贴土豆皮下层部分所含的维生素高达80%，远远高于土豆内部的肉。钾是钠的克星，可以防止高食盐摄入引起的血压升高，具有明显降压作用。这样看来，新鲜的土豆皮有时不去

也可以，但不管怎么样口感第一，大家在去皮时尽量不要削得太深，偶尔用我这个办法尝试一下也不错。

3. 黄油加橄榄油那便是黄金搭档，是动物油和植物油的结合后最健康的食用油，同时橄榄油和黄油给这道菜增添了香浓的味道。

4. 土豆要切得小，大大炒起来就会很费时，但这道菜也不能把土豆切成丝，那样味道就不好了。

5. 没有香芹干叶就用香葱，味道一样的赞。

素炒海带结

原料：海带　豆腐干　红椒　洋葱

调料：生姜　大蒜　蚝油　生抽　糖　盐　胡椒粉　生粉

做法：

1．买回来的干海带用水浸泡两个小时以上，水里可以放点醋加快软化；

2．把海带切成长条后打结；

3．豆腐干斜刀切，切的时候刀抖动几下就会切出好看的纹路；

4．红椒切成三角形，洋葱随意切成丁；

5．热锅冷油，放入生姜和大蒜煸炒出香味；

6．放入海带结中火煸炒一会后加入豆腐干煸炒；

7．加入一点盐和小半勺白糖翻炒；

8．加入少许生抽和胡椒粉，放入红椒；

9．再放一点蚝油增香；

10．最后勾芡就可以出锅了。

星级速成
懒人饭

　　大家白天都要上班，工作一天下来都挺累，有时候回到家，确实不想动手。出去吃吧，一是担心卫生，二是外面的菜不一定合自己的口味。所以我就想到做便捷的速成饭菜，比如泡菜牛肉粒炒饭、咖喱盖浇饭、莴苣菜饭、窝蛋牛肉煲仔饭、咖喱海鲜饭、蛋炒饭、香浓的菜饭、用剩饭打造的美味芝士焗饭或普罗旺斯风情炒饭。这样可以很快让家人吃上热气腾腾的饭菜，不仅味道好，营养也没有打折扣。

　　这一章是懒人饭。懒人饭的关键就是快速、简单。如何做懒人饭呢？看似就是饭菜一锅端，但是做法和食材的搭配还是有点讲究的。先说说做炒饭时大家遇到的一个最常见的问题。大家都喜欢吃蛋炒饭，可是有的人抱怨自己炒出的饭是一团团的，口感很不好。这个问题的关键在于做炒饭的米饭含水量太大，一炒，米饭受热后会更软，就完全粘连在一起了。解决这个问题的最好办法就是用冷饭，冷饭含水量低，但冷饭一开始也是粘连在一起的，所以要记得在炒之前往米饭里放一勺油拌一下，把米饭划散开再炒，但千万不要用水搅拌，那样炒的时候会变成饭坨。如果没有冷饭，还有一个快速的办法，就是出门前把米淘好，放小半碗水浸泡着，下班回家米粒已经吸足了水分，这时直接把米蒸熟即可，15分钟左右，不用放水，这样的米饭就是颗粒分明，直接可以炒了，而且在这个15分钟等待的时间里，可以准备其他的配料，比如打鸡蛋，切好配料。好吃的蛋炒饭要记得先要热锅，再点入几滴油，这叫润锅。再放入油即可开炒，要记得不断翻炒，小心糊锅。

　　再说说食材的搭配。很多人只会蛋炒饭，那样未免太单一，而且营养也不够，懒人饭也可以吃得有营养，所以我们在做懒人饭时也要讲究荤素搭配，比如我的泡菜牛肉炒饭、香浓的菜饭、咖喱海鲜饭等都是荤素搭配的好办法，蔬菜，比如莴苣叶、青菜、胡萝卜、土豆、青红椒、蘑菇、洋葱、泡菜配上肉片、香肠、虾米和丰富的调料，诸如酱油、咖喱、橄榄油、香油、芝麻等都是美味懒人饭的秘诀，这样精心做出的懒人饭，肯定会受家人的欢迎。

经典蛋炒饭

原料：冷饭　青豆　鸡蛋　腊肠

调料：香油　食盐　鸡精　小葱

做法：

1．把晚上吃下的剩饭放在冰箱冷藏一夜，上面不用加盖，这样的米饭才适合做炒饭。把米饭从冰箱里拿出后放一勺油，用筷子把米粒划开；

2．鸡蛋里加点盐后打散；

3．开最小火，锅里加油后马上放蛋液；

4．加入米饭，小火先炒一会；

5．改用中火。炒到米饭会跳起来，这就是传说中"会跳舞的蛋炒饭"；

6．加入切好的腊肠；

7．加点细盐继续翻炒；

8．加入事先在热水里焯过的青豆翻炒；

9．撒上葱花淋上香油就可以了。

经典蛋炒饭5大黄金法则

1．蛋炒饭的饭有两种，一种是用剩饭，最好是冰箱里冷藏过，而且不用加盖，因为冰箱是吸水的，所以即使你把饭烧得很软也没有关系。第二种就是现煮，但是放水量是平时煮饭的一半，这样的米饭，煮出来就可以炒。

2．用隔夜的冷饭有时会发现一个问题，即使放冰箱冷藏了一夜，米饭还是会粘在一起，所以在炒饭前放一勺色拉油就可以很好地让米粒分开。

3．真正的金包银应该见不到鸡蛋，我将鸡蛋液分两次放，一开始放三分之一，中途再放剩余的。

4．一开始千万不要大火，那样蛋液马上凝固，这样金包银就做不到了，口感虽然影响不大，但色泽会差很多。

5．怎么判断炒饭快好了呢？如果米饭能跳起来，那么说明差不多了。

6．真正的蛋炒饭不用放味精、鸡精。因为鸡蛋本身就很鲜了。

Tony爸爸说

　　每个人都喜欢吃蛋炒饭，但并不是每个人会做蛋炒饭。其实蛋炒饭还真的蛮考一个人的厨艺的。一不小心，你要么把饭炒成了饭疙瘩，要么把饭炒糊了。那你知道炒饭的最高境界是叫"金包银"吗？顾名思义，"金"指鸡蛋，"银"指的是米饭，用鸡蛋的金黄色包住米粒，不仅让蛋炒饭色泽好，味道自然更好。

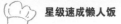

制作要诀提示

1. 做菜饭一般要用到比较多的叶子，所以可以在菜场里专门买，而且价格也便宜。

2. 做菜饭一定要把香肠和这个莴苣叶在油里煸炒过才香，但不能炒过头，叶子焉下去就可以了。如果你放咸肉也要记得煸炒一下，油量记得比平时炒菜略微多一点点。

3. 加水后记得要放盐和鸡精调味。

4. 这个菜饭和平时电饭煲煮饭是一样的，但是水量记得比你平时煮白饭的用量少四分之一左右，那样正合适。

香浓莴苣菜饭

原料：莴苣叶　广式香肠　大米

调料：盐

做法：

1. 把莴苣叶从莴苣上取下或者直接到菜场买莴苣叶；

2. 把莴苣叶清洗干净后切碎；

3. 广式香肠斜刀切片；

4. 热锅冷油，加入广式香肠爆香后马上取出备用；

5. 把莴苣叶放入锅中翻炒到叶子焉下去就差不多了；

6. 把炒好的莴苣叶倒入提前2个小时淘好的大米里；

7. 加入适量的水和盐调味；

8. 摁下电饭煲煮饭键就等着开吃。

美味芝士焗饭

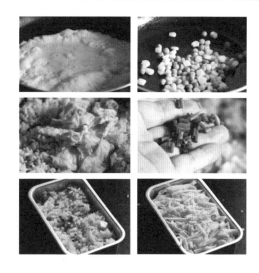

原料：鸡蛋 米饭 玉米粒 青豆 咖喱粉
　　　胡椒粉 橄榄油 盐 马苏里拉奶酪

做法：

1. 先打好一个鸡蛋，放入一点盐，打散；

2. 青豆和玉米都是超市冷冻柜里买的，再清洗一遍；

3. 准备好剩米饭；

4. 热锅后加入橄榄油，放入鸡蛋煎到两面金黄后拿出备用；

5. 锅中放入玉米和青豆翻炒一分钟左右；

6. 加入剩饭划散；

7. 加入咖喱粉和米饭炒匀；

8. 加入一点盐；

9. 放少量鸡精（可以不放）；

10. 加两勺水让米饭更加滋润，因为等会还要烘烤；

11. 加入鸡蛋，弄碎后和米饭拌匀；

12. 加入葱（我喜欢西餐里带点中国特色）；

13. 把炒好的饭放入一个适合于烘烤的盒子里；

14. 撒上马苏里拉奶酪。放入烤箱，220℃，烤15分钟左右到芝士稍微有点焦的感觉。

（注："免治"是音译，英语
mince翻译过来的，肉馅的意
思，粤人念为免治。）

免治窝蛋牛肉煲仔饭

原料：牛肉 生姜 柠檬汁（或者料酒） 苹果 生姜 葱 鸡蛋 盐 鸡精 胡椒粉 白糖 胡萝卜

做法：

1. 牛肉清洗干净后控干水分；

2. 横着纹路切片，再切成丁，稍微剁碎一下；

3. 小半只苹果切片后浸泡在盐水里，防止氧化；

4. 苹果片切成小丁；

5. 生姜葱白切碎；

6. 在牛肉馅里挤几滴柠檬汁；

7. 加些胡椒粉；

8. 放半勺白糖；

9. 放半勺料酒（可以不放，因为已经放了柠檬汁）；

10. 放入刚才切好的生姜一勺；

11. 加入两勺苹果粒；

12. 加入些葱白；

13. 放少许的盐和鸡精；

14. 搅拌到牛肉上劲，可以用手摔，整成一个球，做成两个肉饼（做一碗煲仔饭的话做一个就够了）；

15. 锅中加油后煎牛肉饼到两面金黄，六成熟就可以了；

16. 牛肉快熟的时候下胡萝卜丝炒一下；

17. 陶瓷锅里加入开水和洗好的米，先大火煮开，改小火到水分快要收干；

18. 放入刚才煎好的牛肉饼（我为了好看，在米饭中间挖了坑后把牛肉饼放中间）；

19. 打入一个鸡蛋，盖上锅盖继续最小火焖煮5~10分钟，小心糊锅，人不要离开；

20. 最后放入刚才炒过的胡萝卜丝，撒上葱花，再淋上点鲜酱油。

制作要诀提示

1. 就像上面讲的，这道煲仔饭里用到的免治牛肉就是牛肉馅。牛肉买来清洗干净后要控干水分，不用剁得很碎，有点肥肉更好，用手搅上劲，或者摔打一下，做成饼，用油煎成6成熟就可以了。这样的牛肉非常嫩。

2. 牛肉馅里我放了苹果粒代替了荸荠，自然是口感更好，软软的肉里加些许脆脆的苹果感觉很好。

3. 米饭和开水（用开水可以防止米饭粘锅）的比例一般是1:1.5，和你平时做饭的加水量一样，煮到锅里水分刚刚没有就可以加入牛肉饼打上鸡蛋，改最小火继续煮5~10分钟，同时记得把煎牛肉时剩在锅里的油浇在饭上。

4. 煲仔饭里除了牛肉和鸡蛋之外加点蔬菜更加健康，蔬菜可以选择青菜、胡萝卜等各种你喜欢的品种。

5. 鸡蛋看似生的，其实在锅里呆了5~10分钟，你在吃之前可以搅拌一下，瓷锅即使离开火还是非常烫的，所以这样吃鸡蛋也更安全。

6. 记得在出锅后再淋上点鲜酱油，可以再来点番茄酱什么的，一搅拌那就是美味啊。

7. 如果家里有铁板，最好是把瓷锅放在铁板上烧，那样瓷锅的寿命更长。

8. 瓷锅端到桌子上一定要记得下面铺小垫子，保护好桌面。

普罗旺斯风情炒饭

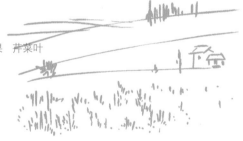

原料：米饭　鸡蛋　罐头黄桃　红椒　提子干　牛肉干　腰果　芹菜叶
调料：橄榄油　咖喱粉

做法：

1. 把所有原料切成细粒；

2. 在饭里加入一勺橄榄油，可以让饭粒分开，炒的时候不会粘连；

3. 鸡蛋打散后加入适量咖喱粉，搅拌均匀；

4. 把蛋液和米饭搅拌均匀；

5. 热锅后不用加油，直接下米饭开始炒，改为中火；

6. 加入切碎的红椒丁；

7. 加入黄桃丁；

8. 加入牛肉丁；

9. 加入提子丁；

10. 再淋上橄榄油；

11. 撒上腰果丁、芹菜叶碎就可以出锅了。

制作要诀提示

1. 做炒饭最重要的是饭要处理好，最好要用冷饭，热的一炒很容易粘连在一起。但是如果事先在米饭里加点橄榄油把米饭划散，就不会有这个问题。

2. 橄榄油一定要买注有Extra Virgin的才是特级初榨，否则就不是，特榨有股很浓的橄榄香味。

3. 橄榄油最健康的实用方法是不要高温，所以我事先只在米饭里稍微放了一点，在炒饭结束的时候才淋上去的，完全保留了橄榄油的营养。

4. 黄桃先放是因为里面含有水分，所以要适当多炒一会。

5. 把咖喱粉加蛋液里可以让咖喱充分溶解，然后可以把味道均匀融入米饭里。

6. 为了保持腰果松脆，一定要到最后才放。

Tony爸爸说

普罗旺斯（Provence）是法国东南部的一条美丽得让人窒息的地区，里面点缀着如一颗颗明珠般的城市，我们熟悉的戛纳就是其中之一。许多人常用三种食物代表普罗旺斯的烹调特色：橄榄油、大蒜与西红柿。那里的橄榄油也是全球最好的橄榄油之一。这道炒饭，是我在必胜客里吃到的，除了用了很多水果干，最出彩的还是那股橄榄油清香。

泡菜牛肉粒炒饭

原料：牛肉　泡菜　青豆　玉米　米饭

调料：生粉　蛋清　料酒　食用油　盐　香油

做法：

1. 牛肉冲洗干净；

2. 把牛肉切成1厘米×1厘米左右的颗粒；

3. 放入鸡蛋清和生粉搅拌，再加入料酒，继续搅拌均匀，放置30分钟；

4. 锅里放油，只要把油烧到5成热左右，下牛肉粒，在温热的油里泡一下牛肉粒，等其颜色慢慢变白就拿出；

5. 把泡菜里的水挤压掉后切碎，青豆和玉米事先蒸熟；

6. 锅里放少许油，加入青豆和玉米炒掉其水分；

7. 下泡菜，炒掉其水分；

8. 下米饭，用铲子不断划开翻炒；

9. 到米饭完全散开的时候，加入牛肉粒再翻炒；

10. 如果觉得味道不够，可以加点盐，淋上一点香油就大功告成了。

私房面，
"面面观"

　　估计是中国人都喜欢吃面。因为面条起源于中国，而中国的面条用"博大精深"来形容一点也不过分。如果你说你不喜欢吃面条，其实那是你还没有找到你喜欢的，因为那么多面条里总有一款是适合你的。就品种而言，可能和地域有关，每个地方的饮食习惯不同，造就了几百种面条。所以每个人喜欢的面条一般都是当地人常吃的品种。但是口味就不好说了，这和家庭饮食有关。我小的时候，老妈也经常做面条。我妈妈做面条从来不重复，面条还是那个面条，但是我妈妈总会做出不一样的浇头，青菜面、猪肝面、大排面、羊肉面、牛肉面、肉丝面、鳝丝面、鱼片面、咸菜面、鸡蛋面，这都是我小时候常吃的。

　　面条时时出现在我们的生活里。当你忙碌没有时间做饭的时候，面条是最方便但又很有营养的食品。当你出门在外，总能很方便地找到一家面店，面条既能让我们吃饱，也能吃好！记得读大学那年，老爸送我去大学。报名结束安顿下来后，到学校里找吃的。在一条所谓的美食街上找到了一家面店，各自点了一碗咸菜肉丝面，很大碗，料很足。悲剧的是我正要下筷，居然发现上面有两只苍蝇，老板给换了一碗，但是吃到最后，又发现了两只。那次遭遇害得我大学四年没有在外面吃面条了，从此改吃方便面了。晚上图书馆里看书回来，早已是饥肠辘辘，泡一碗热腾腾的方便面，很令人满足。

　　大学毕业，工作了。也慢慢有了更多的生活常识，知道方便面是垃圾食品，知道外面的好吃但不安全。于是，开始自己学做吃的。到后来，就给家里人做美食，做面条。我家Cutelady喜欢筋道但烧得不烂的面条，汤底要另配，她最喜欢紫菜味的；好男儿Vincent似乎有点像我的口味，吃煮烂的面条。我家里随着季节的变换，面条也在变化：冬天用香浓的鸡汤或者骨头汤做面条的汤底，配上香菇、冬笋、火腿丝那是美味；夏天，自然是凉拌面。我拿手的是各种凉拌面和炸酱面。

　　我想我喜欢吃面，不仅是因为面条本身美味，而且能让我回忆起那么多美好的事情。

原香炸酱面

原料：五花肉　黄豆酱　甜面酱　料酒　生姜
葱花　酱油　面条

炸酱的做法：

1. 彻底清洗买来的五花肉；

2. 把肥肉和瘦肉切开；

3. 先把肥肉切成片，再切丁；

4. 瘦肉切成条，再切丁；

5. 生姜切成姜末；

6. 锅中放油后放入刚才切好的肥肉丁，煸炒；

7. 水分煸干稍微出油后加入瘦肉丁；

8. 加入料酒、姜末，煸出香味；

9. 加入少量的酱油，兜匀放碗里备用；

10. 锅子清洗干净后重新放点油，放入两勺黄豆酱，两勺甜面酱，先煸炒到有一点点拉丝的感觉，但不要炒糊了啊；

11. 加入刚才做好的肉丁；

12. 加入水调稀，搅拌后开始小火熬15分钟左右；

13. 最后加入葱花搅拌，炸酱就做好了。

炸酱拌面

1. 水开后，面条加入，沸腾时加入一碗冷水，水再沸腾，面条就好了。

2. 先在面里放点炸酱上面的这一层油，那样面条就分开不会粘连在一起了。然后放入一勺炸酱，浇头么随你放，黄瓜丝、豆芽等都可以。

做炸酱的6个重点提示

1. 首先一定要用五花肉，而且肥的和瘦的要分开处理，五花肉放在油锅里一定要煸到位，就是到最后吃的时候能崩出油来的感觉。

2. 做炸酱一定要有黄豆酱，但黄豆酱有点咸，所以要么可以加点白糖，要么加点甜面酱。如果你的黄豆酱非常咸，我建议直接加点白糖就可以了。放入黄豆酱的时候为了防止糊锅，一定要加水。但也不能熬太久，防止把酱熬糊了。黄豆酱和水的比例一般为2:1。

3. 面条一定要筋道的才好吃。你知道吗？做炸酱面的面条不能烧得过了，一般煮面条我有一个妙招，就是水开后下面条，面条滚起来后加一碗冷水，水再开的时候就关火。如果做凉面要放凉水里冲，但做炸酱面就不用，一个绝招就是用炸酱里的油把面拌一下，再放入炸酱和别的蔬菜，那样的面条才好吃过瘾。

4. 做炸酱一定要有葱花，而且要在最后放，这是点睛之笔，千万不可忘了。

5. 做炸酱有些材料是必不可少的，除了五花肉和黄豆酱，姜也是一定得有的，爆香后味道才出来。

6. 做好炸酱后，其他的浇头倒不是很重要，一般选择夏季时令的蔬菜，豆芽、黄瓜、黄豆等都可以放在炸酱面里。

爆鱼面

原料：草鱼　小白菜　面条

调料：生抽　老抽　姜　大蒜　料酒　茴香　桂皮　白糖　干辣椒　骨头汤

做法：

1. 把鱼清理干净去除鱼腥线后，剁去鱼头和鱼尾；

2. 把鱼剁成块后清洗干净；

3. 放入切好的姜末、料酒、生抽、老抽，腌制两个小时；

4. 腌制好的鱼块拿出来晾干（两个小时左右），拿掉上面的姜末；

5. 锅中加入多一点的油，油温很高的时候放入鱼块炸到金黄；

6. 在另一锅中加入少许水，放入茴香和桂皮，煮五分钟左右的时间，水不够可以添加；

7. 把刚才前面腌制鱼块的汁水放三勺到锅中；

8. 加入一勺白糖，自己调味，咸中带甜就可以了；

9. 放入刚才炸好的鱼块；

10. 小心搅拌，让汁水进入鱼块，由于鱼块是刚炸好的，所以吸水的速度很快，一分钟左右就可以出锅了；

11. 小白菜清洗干净；

12. 热锅冷油，放入少许生姜和蒜粒；

13. 放入干辣椒煸炒后加入生抽和老抽；

14. 加入水和骨头汤及一点白糖，用盐调味，加入小白菜；

15. 事先在另一个锅里把水煮开后下面条，煮到自己喜欢的软硬程度；

16. 把煮过的面条放入煮好的汤水里，放入爆鱼再煮片刻即可出锅了。

制作要诀提示

1. 炸鱼的时候判断温度是否很高的办法是放入点姜末，如果姜很快发出"扑哧"的声音并很快变焦了，说明油温很高了，这时小心放入鱼块开始炸。中间千万不能翻动鱼块，因为鱼块会碎。可是不翻动鱼块很容易粘锅会炸糊，所以我还有一个绝招，就是可以把鱼块放在大的漏勺里面然后下入油锅，这样直到鱼块缩小，把里面的水分全都炸出来，表面金黄色就差不多了。但为了鱼块更好吃，第一次炸完后从锅中拿出可以再炸一次，那样的鱼块水分基本没有了，鱼的口感会相当不错。

2. 做汤面汤头很重要，一般我都建议大家平时准备好的高汤，比如肉汤、鸡汤或者骨头汤，那样的面条才真的鲜美。

3. 那一点白糖是给面条提鲜味的，切不可放多令面条变甜。

4. 面条不要用挂面或者其他干面，要用刚刚做出来的，我们叫湿面，筋道，有弹性。

5. 自己在家做面条的好处是面条的软硬程度自己掌握。

芝麻酱拌芝麻面

原料：面粉　芝麻粉　鸡蛋　盐

调料：橄榄油　生抽　醋　芝麻酱　葱花

机器：面条机

做法：

1. 容器里放入200克面粉；

2. 加入一个鸡蛋；

3. 加入50克芝麻粉；

4. 加入2克盐；

5. 加水后和成一个比较干的面团后醒面20分钟；

6. 把面团摁扁；

7. 面条机开到压面挡，一挡压面；

8. 刚开始面片容易碎，没关系继续碾压；

9. 接着换到二挡、三挡各压三次，最后换到四挡再压两次；

10. 压好的面皮放在操作台上；

11. 正反两面都刷上面粉；

12. 把面皮放入面条机的出面口，面条就出来了。

13. 宽的细的都做了，撒上面粉，防止其粘连在一起；

14. 水烧开后下面条，按照自己喜欢的软硬程度控制好时间；

15. 煮好的面条放入碗里，加入橄榄油（我放的是葡萄籽油），加点醋、生抽，淋上芝麻酱（参见自制芝麻酱）；

16. 最后撒上点葱花，一款独一无二的原创面条就大功告成。

手工面条制作经验分享

1. 做任何面条，如果要往里面添加别的食材，记住量一定要控制好，因为添加的食材一般不会像面粉那样有筋度。

2. 外面卖的面条很多都放碱，那样面条更筋道，我们在家做买不到碱，放盐和鸡蛋也可以增加面条的筋道。

3. 关于加水的问题，很多人做面条时和面加的水与做馒头包子一样，那就大错特错了。记住做面条和面时要少放水，能基本揉成团就可以了，你实在揉不动，就静置一段时间，面团会变软点。

4. 当把和好的面团压扁时我们发现很费力，这时大家可以用擀面杖来帮忙，用擀面杖压面非常容易，记住一开始是压，再是碾开。

5. 用面条机做面条，一定记得要多碾压面皮，从某种意义上说，你碾压的次数多了，那面条自然更筋道，先从一挡开始，一开始压出来的是碎片，这是正常的，多压几次就可以了，接下来换成二挡、三挡，直到四挡。

6. 面皮碾压后，记得要在面皮上刷上面粉（最好是生粉），那么出来的面条不会一下子就粘连在一起。

7. 煮面条时，传统的方法都要点水。其实，在家里煤气灶上煮面条不用点水，下入面条，水开了改中火煮就行，而且这种面条即使不过冷水也不会粘连在一起。

8. 煮面条的水很多人都不要了，其实非常可惜，那全是营养。如果是外面买的面条煮过后水就不要了，因为里面有碱，自己在家做不放碱，所以如果做汤水面条可以要回这个水。

9. 家里做好的面条吃不完，可以放入保鲜袋再撒点面粉，记得要放入冷冻室。

极品红烧牛肉面

原料：牛肉（带肥的） 面条 青菜 番茄

调料：辣椒丝 大蒜 生姜 香叶 陈皮 八角
　　　小茴香 桂皮 洋葱 香葱 冰糖 酱油
　　　番茄酱 豆瓣酱

做法：

1. 买回来肥瘦相间的牛肉先用水彻底清洗表面的血水和脏物；

2. 把牛肉放在清水里浸泡，每过1小时换一次水，我浸泡了5个小时；

3. 把牛肉剁成大块；

4. 锅中加入冷水放入牛肉，煮开后看到牛肉里稀释出很多浮沫，把牛肉在锅里清洗干净后拿出备用；

5. 热锅冷油后加入辣椒丝、大蒜、生姜、香叶、陈皮、八角、小茴香（长得像稻谷，就是下图大蒜下面，完全不似大茴香）、桂皮和洋葱；

6. 加入一小块冰糖翻炒到熔化；

7. 加入一勺番茄酱和一勺豆瓣酱；

8. 加入香葱继续翻炒到香味浓郁；

9. 加入焯好水的牛肉块翻炒；

10. 牛肉块上色后加入酱油再翻炒；

11. 放入高压锅，水量到锅的三分之二满左右，盖上锅盖；

12. 大火煮到保险盖发出"扑哧"声后改中火煮半个小时就做好了；

13. 在另一锅里放水煮开，把面条煮到你喜欢的软硬程度，放到上面煮好的汤料里就成了，在汤料里再煮点青菜或者西红柿更好。

制作要诀提示

1. 最大的难点是这碗红烧牛肉面调料多才会有那个味，好的红烧牛肉面在于有好的配方，这个方子值得大家收藏。

2. 牛肉一定要买肥瘦相间的，那样才不柴，咬起来酥烂。

3. 牛肉多浸泡可以把血水浸泡出来，所以至少也得浸泡四个小时。

4. 说说肉的焯水：冷水下牛肉，这样能更好把里面的脏物稀释出来，热水下锅一般适合已经浸泡好的牛肉，里面脏物已经浸泡出来，因为肉遇热会收缩，所以这就是用冷水和热水焯水的区别。整体来说，肉类还是用冷水焯水比较好。

5. 调料一起炒才会味道更香浓，但是这里特别强调一点就是冰糖不能加太多，越少越好，因为后面的番茄酱也是甜的，如果太多，汤会显得甜。但是有一点我要告诉大家，外面好多好吃的红烧牛肉面都是放点糖的，虽然你吃的时候感觉不到，但是适量的糖让汤的味道更鲜美。

6. 根据个人口味放入适量的辣椒或者辣椒粉都可以，咸淡自己调节，酱油是咸的，到最后盐不要加太多。

7. 红烧牛肉面里别的料看你喜欢，可以把料再次煮开后放点香菜、青菜或者西红柿都可以。

8. 吃面条完全是个人喜好，有了这个红烧牛肉汤，面条怎么做都好吃，挂面、湿面都可以。外面卖的面条都是把面条煮好后放入汤料，但是有些人喜欢把面条和汤料一起煮，这些人其实也是吃客！这样煮出的面条虽然不好看，但味道也很好！所以，做我们中式美食不要那么苛刻，怎么喜欢就怎么来吧！

Tony爸爸说

说起红烧牛肉面，你是否想起了什么？回想一下各自的学习生涯，晚自习回家，饿得不行，买包红烧牛肉方便面一泡，顿时整个寝室都弥散着香浓的味道。虽然现在不吃方便面了，但是那个红烧牛肉面味还是一直记着，就是做不出那个味道。

前几天在一个美食论坛里无意中看到一个网友发的帖子，说这是他爷爷做的红烧牛肉面，是他家的祖传秘方，因为他爷爷现在老了，小店也不开了，所以他把这个方子告诉了大家，教大家怎么做最好吃的红烧牛肉面。一开始不怎么相信，试试才发现，好家伙，居然就是那个味，我喜欢的红烧牛肉面的味道！在此我也把这个方子分享给大家。

龙利鱼柳春笋意大利面

原料：意大利面　荠菜　春笋　龙利鱼柳

调料：橄榄油　料酒　生粉　盐　番茄酱

做法：

1. 龙利鱼柳切成细条；

2. 加入一点料酒、盐和生粉抓匀腌制15分钟；

3. 锅中把水烧开后加入意大利面；

4. 加入一点盐，滴几滴橄榄油，按照要求中火煮8分钟，关火，取出意面备用；；

5. 在煮面的8分钟时间里，把焯水后凉水冲洗并挤干水分的荠菜切成细末备用；

6. 春笋切成薄片备用；

7. 在煮面的水里放入前面腌制好的龙利鱼柳，这时水的温度在80℃左右，烫一会儿鱼颜色变白即可拿出备用；

8. 热锅放入橄榄油，放入荠菜末和春笋煸炒一下；

9. 加盐调味后放入煮好的意面搅拌均匀；

10. 加入鱼柳再翻炒几下即可出锅，吃时伴番茄酱。

Tony爸爸说

1. 每种意大利面烹煮的时间都不一样，面条的外包装上都有说明，一般要煮8-12分钟；

2. 说明上要求在烹煮的过程中加盐，这个道理我们都知道，我们中式面条在煮的时候也要放盐，这样面条不会煮烂，但是我觉得意面煮起来是要耐性的，所以我觉得盐的功能在这里更多是让通心粉入味吧；

3. 我在煮面的时候加入了橄榄油，这样煮好的面条就不会粘连在一起；

4. 龙利鱼几乎没有腥味，所以不用放很多料酒，这个鱼和意面也非常搭的；

5. 龙利鱼柳用刚煮好面条的水烫一下，这样不仅鱼熟了，而且还非常嫩；

6. 最新鲜的蔬菜，荠菜和春笋，荠菜一定要切得碎一点做出来效果也好，配上含有优质蛋白质的龙利鱼，加上意大利通心粉，这是一顿完美的早中晚餐。

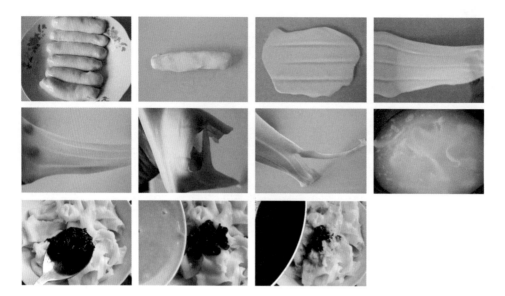

油泼扯面

原料：面粉（最好是高筋面粉） 水 盐 花生油

调料：豆豉油辣椒酱 花生酱 葱

做法：

1. 面粉里放入一点盐，冷水和面，面粉和水的比例是10:6，比如你放200克面粉，那就放120克水和面；

2. 把面团揉到光滑为止，也就是"三光"，面团光滑，手光，容器也光滑为止，大概需要15分钟的时间；

3. 把面团放入容器盖上盖或者保鲜膜醒30分钟；

4. 30分钟后把面团搓成长条，分成一个个小剂子；

5. 取一个小剂子，搓成长条；

6. 同样方法处理其他剂子，在面团上刷上食用油后盖上保鲜膜醒20分钟；

7. 取一个长条，横放在案板上，用擀面杖擀开；

8. 用擀面杖在上面稍微用力压出三条痕，如果你面擀得不宽就压两条；

9. 两手拉住两端慢慢地边拉边上下轻轻地甩动，拉长；

10. 在印痕的地方一扯，面条就一条条被扯下来了；

11. 马上放入锅中的热水里煮，水里放点盐防止面条粘连；

12. 同样办法处理其他长条，把扯下的面放到锅里煮；

13. 因为面很薄，所以不用煮很久就可以从锅里拿出过冷水，放在碗里备用；

14. 在面上放入豆豉油辣椒酱，调稀的花生酱，撒上葱花，把油烧热后浇在面条上发出"哧哧"的声音就可以搅拌吃了。

做油泼扯面的"十字"要诀

1. "揉"：揉面要到位。面要和得软，面和水的比例普通面粉10:6高筋面粉10:7，因为高筋面粉要吸水，同时放点盐，多揉，可以让面柔软筋道。

2. "醒"：做扯面要醒面两次。第一次是揉好面后醒一下，然后是搓成长条刷上油盖上保鲜膜再醒，这样才能"扯"。

3. "搓"：第一次面团醒好后要把面团分成小剂子后搓成长条形，搓的时候要让不光滑的一面放在两端，这样搓出来的面才光滑没有褶皱。

4. "擀"：醒好后要把面擀开，手用力要均匀面皮才厚薄一致。

5. "压"：把擀开的面皮用擀面杖压几下，这样等会可以沿着纹路扯面，压的时候不要很用力，把面皮压破就没法拉开了。

6. "捏"：捏住面皮的两端。

7. "扯"：双手展开呈大鹏展翅状，用两手将面提起用力扯，随即在案上弹一下，一下把面拉长拉薄，但绝对不会扯断，因为面团很筋道。

8. "撕"：再捏住玉带一样的面的中部，一撕，面从中间裂开，但两头依然是连着的，这样一根面就扯好了，就手顺势抛入锅里，锅里的水则刚好滚起来。

9. "煮"：撕下的面条随手投入开水锅煮熟即成，放入凉水过凉。

10. "泼"：最后在面上放上自己喜欢的浇头，将烧得滚烫的花生油猛泼入碗里辣面上，发出"扑哧"一声，即成一碗美味的油泼面。

花生碎南瓜面

原料：高筋面粉　南瓜　鸡蛋　盐

调料：芝麻酱　水　酱油　盐　蒜　葱　苹果醋（或者别的醋）　花生碎（或者坚果碎）

南瓜面条的做法

1. 南瓜切开后去籽清洗干净，对切，再对切；

2. 上蒸锅大火10分钟左右就可以了，把皮去掉（不是扔掉，皮很有营养，南瓜是不用打农药的，放心吃）后，用勺子压成泥；

3. 面粉里加入鸡蛋、一点盐和压成泥并揉凉了的南瓜泥；

4. 不用额外加水，揉成一个稍微偏硬的面团，如果太硬稍微再加点南瓜泥；

5. 用擀面杖压开；

6. 压得扁一点长方形就可以了；

7. 放入面条机用一挡不断地压面；

8. 要碾压得比较有形为止；

9. 改用四挡压面皮，这时面皮变薄了，碾压三遍后就可以了；

10. 在面皮上刷上面粉；

11. 放入面条机出面的地方，南瓜面条就做好了；

12. 在面条上再撒点干面粉，防止面条粘连；

13. 水开后下面条，并在水里滴几滴色拉油；

14. 面条煮开后加半碗冷水，再次煮开就可以了。用冷开水冲凉，千万不要用自来水冲，这样不卫生。冲好后的面条再用色拉油搅拌后放入冰箱冷藏至少1个小时。

调制面条的浇汁

15. 在碗里放两勺芝麻酱，加入水调匀；

16. 加入一勺蒜蓉（要把大蒜剁得很碎）、苹果醋、酱油和葱花；

17. 尝一下，如果淡的话加点盐和鸡精，再次调匀。

浇汁拌面

18. 把调好的汁倒在面条上，在上面撒点葱花和花生碎，将浇汁、调料和面条调拌均匀即可。

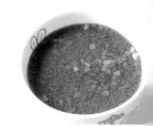

制作要诀提示

1. 用面条机做面条和面的时候一定要少放水，不能把面揉成圆润的面团，那样在机器上真的没法操作了。面条和水的比例5:2就差不多了，如果面团实在揉不动，可以醒个10分钟也会稍微变软点。

2. 面团在压制之前，最好用擀面杖给它擀开，便于压面，压面的时候开成一挡。

3. 做凉拌面的时候煮面是非常关键的一个环节，面条不能煮过头了，方法很简单，水开后下面条，面条煮开后加半碗冷水，面条再次煮开就可以了。

4. 避免面条粘连要在煮面条的时候加几滴色拉油，然后用冷开水冲凉，再用色拉油搅拌，这样的面条冷藏后才不会粘连，否则你从冰箱里拿出的是面疙瘩。

5. 凉面的浇汁做好后，可不是马上放入面条的，浇汁也要放入冰箱冷藏，最后从冰箱拿出后再浇在面条上，否则这个浇汁被面条吸收，放在冰箱里久了，面条就变干了，吃起来就不爽了。

6. 凉面的浇汁是五花八门的，今天我推荐的是用芝麻酱配上其他调料的浇汁，也可以根据口味调制别的浇汁。

7. 这碗面条的画龙点睛之笔是最后撒上的花生碎，也可以是坚果碎，那口感，绝对会给这碗凉面锦上添花。

周末小餐桌

周末不仅能和家人一起分享美食，最重要的是与家人团聚的那一份情怀。美食其实是这份情怀的中介。给家人做美食，心中满是兴奋和期待，希望自己的努力能换来家人的认可和赞许。而当大家围坐在一起，边吃着你做的美食，边聊生活中的琐碎事，那其实是人生最简单的快乐。想要好的氛围，菜品的成功与否也会起关键作用，虽然自家人对你做的菜不会那么苛刻，但是我们可以想象成功的菜品吃到嘴里让人产生的愉悦感肯定可以给你的周末聚餐氛围来个锦上添花。所以如果要修炼大厨级的手艺，总要有"几板斧"的大肉菜功夫在周末露一手。

在大肉菜里总少不了一碗味道香浓的红烧肉，而且我也开发出很多的版本。Tony发现我们只要掌握了这些秘诀就一定能做出五星级的美味红烧肉，跟大家分享一下：

1．选对和红烧肉搭配的食材。好的食材搭配相得益彰，能够互相利用各自的优点并把它们发挥到极致，比如笋干、慈姑、板栗、芋艿等。

2．肉的选择非常重要，必须是五花肉，有肥有瘦的那种。这里肥肉的作用显而易见，不但能滋润瘦肉更能滋润和它搭配的食材。肉也要切得大小适中。

3．为了把红烧肉的味道发挥到极致，可以先把红烧肉煸炒把油煸出一部分，这是最后红烧肉油而不腻的关键。

4．红烧肉在煸炒时就放入酱油和料酒再煸炒一会，可以让调料更好融入红烧肉中。

5．做红烧肉最好用铁锅，受热也快。

6．好的红烧肉是要慢慢炖出来的，火力不能大，要那种似滚非滚的感觉。

7．汁水变浓稠了说明你煮得非常到位，最后再放点冰糖提升红烧肉的口感和颜色。

除了红烧肉，我认为的大肉菜还包括羊肉、牛肉、鸭肉，做法也主要有红烧、煲汤、卤等几种。

做大肉菜的Tony法则就是要有耐性，大肉菜都是慢工出细活，一定要选择慢炖，时间在1小时到2小时左右，那样味道才会香浓，营养也流失不多。时间短、食材没有入味、口感差；时间太长、营养流失多、食材过于酥烂，口感也会打折扣的。所以，多做多尝试是做出拿手大肉菜的王道。

健康版红烧肉

原料：五花肉　鸡蛋　黑木耳

调料：大蒜　老抽　料酒　白糖　青蒜

做法：

1. 五花肉清洗干净后切成块；

2. 水烧开后放入五花肉焯水；

3. 肉的颜色变白后搅拌一下从水里拿出备用；

4. 热锅后加入少量的食用油，下五花肉中火煸炒；

5. 把水都煸炒掉，五花肉的外皮变得紧实有油，被煸出来的时候加入老抽，中火继续翻炒；

6. 等老抽给肉上色均匀后加入料酒，加水浸过五花肉，放入大蒜，大火烧开；

7. 改小火慢慢炖半个小时；

8. 鸡蛋放水里煮开后再中火煮3分钟，把鸡蛋放入冷水里浸泡一会，去壳，用刀在表面划几刀；

9. 半小时后开锅放入鸡蛋，开大火，让汤水沸腾上来，过一分钟给鸡蛋翻身，这样鸡蛋颜色就很均匀；

10. 放入事先浸泡好的黑木耳，先大火煮开改小火炖5分钟，加入一小勺冰糖或者白糖提鲜最后撒上青蒜就可以了。

说说做这碗健康红烧肉的要点

1. 做红烧肉不是说加越多的调料越好，比如很多的香料未必每次都要加，但是好的料酒和上等的老抽确实很重要，这两样缺一不可。

2. 煸炒这一步也不能少，它能使红烧肉更香，肉质更紧实。

3. 鸡蛋上色的关键一步是放入鸡蛋后开大火，因为前面已经煮了半小时，汁水还剩下三分之一左右，所以开大火后汁水才会沸腾上来给鸡蛋上色。但也只能给鸡蛋下半部分上色，接着还要翻身才行。

4. 黑木耳一定要事先浸泡好放入小火炖，让红烧肉的味道滋润进去后，黑木耳吃起来更加滋润。

5. 放少量糖不是让肉变甜而是更鲜美。

6. 很多人总问我是不是忘了放盐？放了老抽，不用加盐，够咸了。

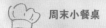

Tony 爸爸说

　　作为新年家宴的主菜，烤羊腿重点突出，而且非常大气。只要你稍微花点心思，完全可以做出不输酒店的大餐。

　　这样已经很好吃了，想要更好吃？哈哈，介绍给大家一种好吃的蘸料，就是用芝麻酱和豆腐乳调汁蘸着吃，估计这盘烤肉很快会被大家抢光的。

烤羊腿

材料：后羊腿　胡萝卜　土豆　番茄

调料：大蒜　韭黄　生抽　老抽　料酒　茴香
　　　孜然粉　黑胡椒　橄榄油　蜂蜜　小葱
红椒

做法：

1. 羊腿先放在清水里浸泡两个小时，然后彻底清洗干净；

2. 在羊腿正反两面割上几刀；

3. 在烤盘上铺一张锡纸，放入羊腿；

4. 在割开的肉缝里塞进一些胡萝卜丝；

5. 塞进一些敲碎的大蒜；

6. 再塞进韭黄；

7. 撒上黑胡椒粉和孜然粉；

8. 浇上生抽、老抽和料酒（事先倒在碗里搅拌好这样才会均匀）；

9. 腌制四个小时，每过半个小时要翻一下面，让羊腿更好吸收调料；

10. 四个小时后加入茴香和切成块状的土豆和番茄；

11. 用手把所有材料和调料拌匀；

12. 在碗里放入两勺番茄酱、一勺蜂蜜，拌匀，倒在羊腿表面；

13. 加入四勺橄榄油（天冷，橄榄油都固化了），盖上锡纸；

14. 烤箱200℃预热5分钟，放入烤盘后温度改为180℃，先烤1.5小时，然后把上面的锡纸拿掉，再烤20分钟。烤到15分钟时撒上红椒。出炉时再撒上葱花就大功告成了。

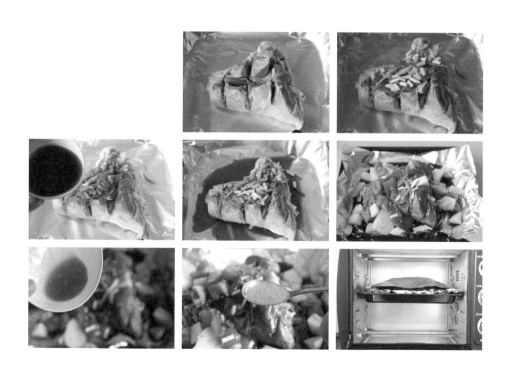

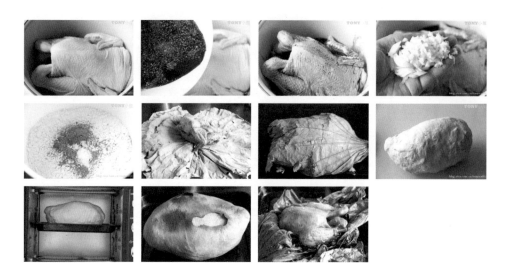

叫花子鸡

材料：三黄鸡　荷花叶　面粉

调料：生抽　老抽　烧烤酱　十三香粉　大葱
　　　姜　蒜　花雕酒　盐

做法：

1. 制作调料，在碗里加入生抽、老抽、两勺烧烤酱、少量盐、两勺十三香粉；

2. 三黄鸡清洗干净后放入一个比较大的容器里；

3. 把调料倒入放三黄鸡的容器里；

4. 加入葱、姜、蒜；

5. 加上盖子，放入冰箱冷藏8个小时以上；中途把鸡翻身，让两面都吸收调料；

6. 打开荷叶，腌制好的三黄鸡放中间；

7. 在鸡上面擦上十三香粉；

8. 荷叶包裹三黄鸡后用绳子扎紧；

9. 面粉中加入盐、十三香粉以及花雕酒或者黄酒，和成面团；

10. 把面团拉长后盖在荷叶包裹的三黄鸡上面；

11. 然后让面团全部包紧整只鸡；

12. 烤盘底部涂上油，烤箱温度设定在190℃，烤1.5小时；

13. 把鸡从烤箱中取出，用锤子榔头之类的工具把面团锤开；

14. 拆掉包在外面的线，香喷喷的叫花子鸡就大功告成了。

制作要诀提示

1．要做出好吃的叫花子鸡有些原料是必需的，那就是荷叶，如果真的没有那只能改用棕叶，也别有一番风味。

2．最初的叫花子鸡在烤制前涂的是黄泥巴，后来被改良成酒坛泥，但是我们平时找不到这种东西，所以我自作聪明在面粉里加入了花雕酒来模拟酒坛泥的味道。后来证明是成功的。

3．既然是叫花子鸡，原来就是在炭火上烤出来的，所以叫花子鸡当然要烤出来才好吃，如果是在锅里烧，那是另外一种味道了。

4．面团要把整只鸡都包裹住，不能有漏洞。中途可以翻一次，这样更加均匀，但要小心烫，如果你没有把握就不要去翻转了。

材料：牛肉1斤（最好是牛的前后腿肉，也叫牛腱子） 鸡蛋5个

调料：香料包（一般超市都有卖，里面有八角、肉桂、小茴香、花椒、丁香、橘皮、白芷、甘草，你买不到的话自己少买几样也可以，比如八角、肉桂、小茴香、丁香，或者你干脆买煮茶叶蛋的调料包，里面香料差不多，多了一样茶叶更好，可以让煮出来的牛肉更嫩更容易熟）

卤水汁(超市卖调料的地方一般都有，是瓶装的)

卤牛肉

做法：

1. 把牛肉切成两大块，冲洗干净。

2. 把牛肉放在水槽里浸泡10分钟，把血水去掉。

3. 锅中加水，水要加到锅子的2/3满左右，水开后再加入牛肉。

4. 水烧开后会有很多的浮沫，要去除。

5. 撇清浮沫后，加入调料包。

6. 加入卤水汁，我将100毫升卤水，倒入1000毫升水，加了卤水要尝一尝，咸度差不多就好了。

7. 把鸡蛋加入。切记要改小火，因为大火一烧，鸡蛋很容易爆裂，就没有型了。小火10分钟。

8. 10分钟后把鸡蛋拿出，剥去外壳，你会发现鸡蛋表面很光滑。

9. 为了让鸡蛋更加入味，用刀在鸡蛋上慢慢地划一道2厘米左右深的口子。

10. 放回锅中继续小火炖20分钟。这样牛肉和鸡蛋就已经烧好了（如何判断牛肉烧得差不多了？鉴别的方法是：用一根筷子插下去，如感觉很硬，说明火候未到；一插即碎烂，则是过火了（属烂化阶段）；插上去软而略有弹性，而且不碎，说明火候正好，即软化阶段）。

11. 出锅，倒在大容器里。卤汁最好没过牛肉，晾凉后放冰箱。记住，卤牛肉和卤蛋的味道不是烧进去的，关键是浸泡进去的，鸡蛋也是这样。所以最好晚上做，放到第二天早上。

12. 把牛肉捞出，在没有风的地方放半个

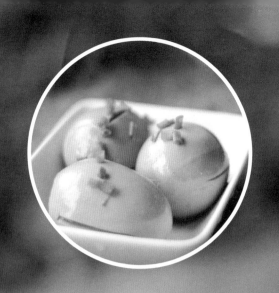

小时就可以切了。一定要记得逆着纹路切，还要记住不要切成大块，最好是片下来，越薄越好。这自然看你刀功了，好好练练，其实切得难看也不要紧，味道好才是硬道理。

炒牛蛙要注意的细节

1. 牛蛙的前期腌制工作非常重要，这是决定牛蛙鲜嫩与否的关键。

2. 炒牛蛙一般都来点辣椒或者辣椒酱，最主要是能很好地去掉腥味的同时，牛蛙的味道也更加好。

3. 牛蛙在煸炒时也会有水分溢出，一定要注意把牛蛙中的水分炒干，这样炒出来的牛蛙肉质才香。

4. 但牛蛙不能烧得太久，那样肉质就不鲜美了，所以前面煸炒到位，后面速度要快。

香辣干锅牛蛙

原料：牛蛙　红椒　青椒

调料：老抽　料酒　蛋清　胡椒粉　花椒　生粉　香油　盐　鸡精　烧烤酱　辣椒酱　姜　蒜

做法：

1. 菜场里会帮你把牛蛙宰杀好。回家清洗干净。牛蛙的皮很有营养，如果你看到皮不发怵，还是吃为好。

2. 加入切碎的姜蒜、油、盐、鸡精、料酒（我加的是自己酿的葡萄酒）、老抽、蛋清、生粉、胡椒粉和花椒，用手搅拌均匀，腌制20分钟。

3. 红椒、青椒冲洗干净，切成圆圈或者小丁。

4. 热锅后放油，加入生姜。

5. 放入牛蛙，煸炒到没有水分。

6. 加入一勺老抽、一勺烧烤酱、一勺辣椒酱。

7. 放入切好的红椒和青椒。

8. 用生粉勾薄欠。

9. 淋上香油可以出锅了。

Tony爸爸说

　　这道菜是专门做给Cutelady的。牛蛙是一种高蛋白质、低脂肪、胆固醇极低、味道鲜美的食品，具有滋补解毒和治疗某些疾病的功效，可以促进人体气血旺盛、精力充沛，有滋阴壮阳、养心安神补气的功效。牛蛙的胶原蛋白含量非常高，女士吃了真的有美容的功效。蛋白质含量高，脂肪低，适当多吃也吃不胖。

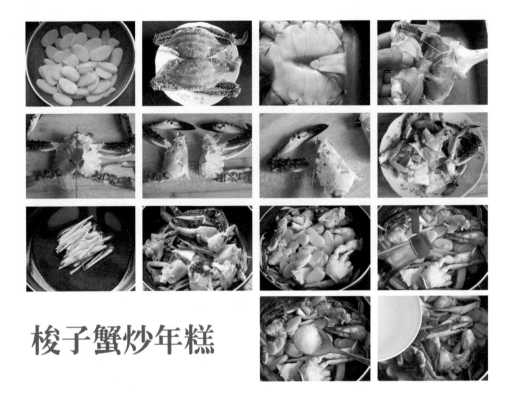

梭子蟹炒年糕

原料：梭子蟹　年糕

调料：生姜　葱　料酒　生抽　老抽　糖

（喜欢吃辣的可以准备辣椒酱）

做法：

1. 生姜切成丝；

2. 年糕切片，我这个是真空包装的年糕片，已经切好；

3. 水烧开后年糕下锅，煮两分钟左右，拿出；

4. 放入凉水里，年糕冷却后再把水倒掉；

5. 用刀在梭子蟹的三角区下端向上掀开；

6. 蟹黄很多说明螃蟹很肥美，我把这个蟹黄拿出做另外一道菜；

7. 去除两边的鳃须；

8. 把螃蟹放在砧板上剁成两半；

9. 剁下两只钳子后用刀将其背敲碎；

10. 把剁下的两半蟹肉再剁成两半，这样整只蟹就拆解完毕；

11. 热锅后放入适量的色拉油；

12. 放入姜丝爆香；

13. 放入螃蟹翻炒；

14. 放入焯过水的年糕；

15. 放料酒；

16. 放入生抽和老抽；

17. 加入半勺白糖，继续翻炒；

18. 加适量水大火烧一分钟左右，最后再勾芡撒上葱就可以出锅了。

Tony爸爸说

吃螃蟹时要注意，吃时必须除尽蟹鳃、蟹心、蟹胃、蟹肠四样物质，因为这四样东西含有的细菌、病毒、污泥等特别多。 螃蟹性寒，脾胃虚寒者也应尽量少吃，以免引起腹痛、腹泻，吃时可蘸姜末醋汁，以去其寒气。另外，患有伤风、发热、胃病、腹泻者不宜吃螃蟹，否则会加剧病情。患有高血压、冠心病、动脉硬化者，尽量少吃蟹黄，以免胆固醇增高。另外，螃蟹不宜与茶水和柿子同食，因为茶水和柿子里的鞣酸跟螃蟹的蛋白质相遇后，会凝固成不易消化的块状物，使人出现腹痛、呕吐等症状，也就是常说"胃柿团症"。

开胃腐乳老鸭

原料：老鸭

调料：麻油　红腐乳　生姜

做法：

1. 把鸭子切块，冲洗净；

2. 锅里放水煮开，放入鸭焯水；

3. 拿出鸭块后再次用水冲洗干净；

4. 锅中放入少许麻油，加入生姜片小火煸炒；

5. 加入鸭块一起中火煸炒一下；

6. 把鸭块放入高压锅，加水，刚刚浸过鸭肉即可；

7. 大火煮到高压锅发出"扑哧"声后改中火继续煮20分钟关火；

8. 把鸭肉连同剩余的汤水倒回到锅里；

9. 加入一勺红腐乳调味；

10. 再次大火煮3分钟左右即可。

制作要诀提示

1. 鸭肉最好要焯水，这样可以去掉里面的杂质，煮开后看到有脏脏的泡沫浮出水面就可以关火用水冲洗掉。

2. 鸭肉是凉性的，用麻油替换食用油可以中和一下。

3. 生姜要用小火慢慢煸炒，那样生姜的味道会慢慢转成甜味，否则一下子大火生姜会是苦的。

4. 老鸭不易煮熟，所以用高压锅是个好办法，而且可以大大减少营养的流失。

5. 腐乳不用很早就放，因为腐乳长时间一煮，味道早就散发光了。腐乳很咸，所以不可放太多，一定要把味道调好了。

6. 最后收汁的时候可以适当留一点汤，不用等汤水变干，那样鸭肉能更鲜美多汁。

5分钟切割一只鸭详解

买鸭子当然要买新鲜的,千万别买冷冻的。但是买活鸭时,如果你不放心交给菜场里的人蜕鸭毛,那完全可以选择回家自己宰杀后用滚烫的开水蜕毛。

详细图解如下

1. 鸭毛蜕去清理内脏后,用镊子拔去细毛;

2. 把鸭屁股剪掉;

3. 把鸭脖子刹下;

4. 在鸭大腿内侧切一刀,分离大腿和身体;

5. 鸭腹部全部剖开;

6. 鸭翅根部切一刀,分离鸭翅和身体;

7. 把腹腔对切成两半;

8. 再把两半竖着对切;

9. 横着切成块;

10. 鸭脚和鸭腿分离;

11. 鸭翅也分成两段;

12. 再次清洗就可以拿来做美味的鸭肉了。

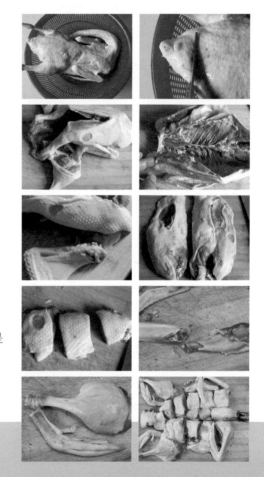

当然大家也可以选择把鸭子煮了后再切,方法也是一样的,我想我们中餐吃鸭肉一般是不剔骨头的,因为我们也喜欢啃骨头。

注意要点

1. 去除鸭毛要用滚烫的开水,拿住鸭脚,不断翻转几下,毛就可以快速拔下;

2. 切割鸭子记得把鸭屁股去掉,最好不要吃,那里是淋巴腺体集中的地方,吃了只有坏处;

3. 鸭腿、鸭翅和鸭身都有接缝处,只要找到那个缝,就很容易把它们切割下来;

4. 不要只切割鸭肉,那样你就会觉得一只鸭没有多少鸭肉,一定要把骨头和肉连着,这样煮汤水才鲜美;

5. 记得切割鸭肉时不要太小块,因为鸭肉一煮缩得非常厉害,所以要适当大一点;

6. 这里切割步骤一环扣一环,只要你操作得当,刀锋利是很快的。如果不想一次煮完就放入冰箱冷冻保存。

红烧酥肉

原料：方形五花大肉一块

调料：稻草　生抽　绍兴花雕酒　香叶　白糖

Tony爸爸说

1. 家庭里一般要容得下这么一块大肉的锅子只有高压锅了，但是我们这回要把高压锅当作普通锅来用，也就是不要把高压锅的锅盖转紧，盖着即可，我用的是老式高压锅；

2. 酒最好不要用廉价的料酒，用上等的绍兴花雕酒会让肉的味道更香浓；

3. 虽然肉没有经过煸炒，但由于稻草发挥的功效使得这酥肉真的是肥而不腻；

4. 生抽很咸，一般就不用再加盐了，如果喜欢颜色更深点，可以再加点老抽；

5. 由于用稻草扎紧，肉不会因为长时间炖煮而变碎；

6. 吃的时候解开稻草，用剪刀剪成小块即可。

做法：

1. 把五花大肉清洗干净后先用焯过水的稻草把肉扎好；

2. 锅中加水，把肉放入焯水；

3. 准备一口深底的大锅，先放入一些稻草在锅的底部；

4. 加入焯过水的五花大肉，让水浸过肉；

5. 加入几片香叶，加入小半碗绍兴花雕酒，加入生抽上色调味，加一点白糖；

6. 大火煮开后改中小火慢炖3个小时再开大火收汁即可。

做出27道红烧大肉菜后总结出的7个秘诀

红烧菜很多人都喜欢做，喜欢吃，但是如何把红烧菜做到红而发亮，味浓汁厚，肉质酥烂适口，还是稍微有点技术含量的。以我做菜的经验，我总结出了以下几点。

1. 食材要新鲜，最好不要买冷冻的。这个我很有经验，比如你去买冷冻的鸡、鸭或者别的肉类，即使你怎么处理，做好后成品还是有腥味，但是新鲜的肉类，处理方法得当，是根本不可能有腥味的。

2. 在煮或者焖之前要腌制、焯水去杂质。一般来讲，煮肉的话基本就是焯水，不用事先腌制，一来你腌制后也没法焯水，因为一焯水，刚才腌制的味道马上蒸发了；二来，现在的肉都是养殖厂里来的，吃的是加工饲料，从健康角度来讲，还是要焯水。我知道很多人煮肉是不焯水的，因为他们认为焯水等于把肉的鲜味焯掉了，我觉得这是有道理的，他们说得没有错，但是有一点你要知道，人家吃的是自己家里养的生态猪啊，所以他们不焯水是完全可以的。但我们不可能吃到生态猪，为了健康，损失一点你的味蕾几乎感觉不到的鲜味真的没什么。

3. 焯好水后要记得把肉煸炒。但是在酒店里大厨都事先把肉炸一下，味道好了，但是显然做法极不健康。酒店里炒个蔬菜都要事先在沸腾的油里过一遍。我们只要把肉煸炒一下就可以了，煸炒前少放一点油，煸炒的目的是把肉的水分炒出来，那样肉质更紧密更香。如果是五花肉，一定要炒到肉皮发亮，感觉肉有弹性为止，而且还有一些猪油

流出，这就是为什么成品会肥而不腻的最大的秘诀。

4. 先上色后加水。一般我们在做肉菜的时候都要放酱油，一种叫老抽，一种是生抽，前面一种颜色发黑，但不是很咸，后面一种颜色比较淡，但很咸，所以我们两者都放一点就能弥补它们各自的不足。酱油最好要边炒边倒，那样更容易让肉上色，而且要少量地倒。上完色再加水，水的量一般浸过或者快要浸过食材，所以要一次加足水，很多人因为一开始水没有加足，只能中途再补加，那样显然也会影响最后的味道。

5. 加调料。做肉菜，不是说加越多的调料越好，可以选择最主要的几种，比如料酒、大蒜、姜、茴香、桂皮等，这些一来去腥，二来给肉增香。

6. 除了做鱼，大肉菜在大火烧开后都要文火炖。一般根据食材的特点，时间在30分钟到2个小时，时间太长，营养流失得越多。现代人有时没有那么多时间炖肉，这里我还是推荐大家用高压锅，不仅时间快，而且营养流失得非常少，虽然口味有一点点影响，但从营养角度上来讲，是非常健康的做法。

7. 收汁前可以加点冰糖。加冰糖一来可以给肉增鲜，二来也可以帮助收汁，三来肉的颜色更加发亮，让人更有食欲。

Tony 家的
私房面点

　　我一直钟爱面点，许多看我博客的读者也挺喜欢的。我博客里的面点都是受到家人赞扬后才和大家分享的，我家有两个活宝，Vincent和他妈妈Cute lady，特别是Vincent，他是个苛刻的美食家，他说不好吃，那肯定是不好吃的，所以我这里给大家推荐的，都是经过家里两位美食家的鉴定的。

　　虽然面点的种类繁多，但学会一两样后，其他的就不那么难了。面点中最常见的是面饼。

　　这章我会给大家讲讲我做面饼的体会，讲讲做面饼经常会遇到的问题。

　　对做美食而言，简单的"复制"、"粘贴"谁都会，关键在于"新建"。所谓"新建"当然不是一定要全部创新，但我们可以根据自己和家人的口味，结合科学营养搭配进行调整，这才是做美食的要诀。

　　面点的确复杂而难做好，但看着孩子津津有味的吃相，你就会觉得自己的付出还是值得的！

19层牛肉饼

（一）做馅料

原料：牛肉　干葱头

调料：蛋清　生抽　料酒　香油　白糖　黑胡椒粉　　　橄榄油　盐

1. 牛肉清洗干净，横切块，再切丁，最后剁碎；

2. 干葱头剥好，切碎后放入牛肉中，再剁匀，装入碗；

3. 在牛肉馅中放一勺量的蛋清、料酒、生抽、橄榄油，半勺香油、胡椒粉、盐和小半勺白糖，充分搅拌；

4. 让肉上劲后放入冰箱冷藏20分钟。

（二）和面擀面

5. 将300克左右的面粉放入容器里；

6. 放入一小勺白糖、一个鸡蛋、半勺发酵粉和一勺橄榄油，再加入120克左右的水，把面粉和成光滑的面团；

7. 将面团醒15分钟；

8. 把面团擀成长方形，厚度为1厘米左右，在面皮上刷一点橄榄油（在操作台上多撒一些面粉）。

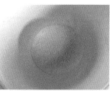

（三）折叠

9. 在面皮上撒上面粉；

10. 在面皮上铺满刚才做好的牛肉馅；

11. 在面皮两端切四刀；

12. 从右边开始折叠，右边下端往上折叠（从这里开始，慢镜头展示）；

13. 右边上端往下折叠；

14. 往中间折叠；

15. 中间下端往上折叠；

16. 中间上端往下折叠；

17. 继续往左折叠；

18. 左边下端往上折叠；

19. 左边上端往下折叠；

20. 小心用擀面杖再擀开点；

21. 由于太大，所以对切；

22. 分两次放入平底锅两面各煎20分钟，由于饼比较厚，可以在锅底刷一点油。

高压锅金丝发面烙饼

（一）和面

原料：面粉200克　白糖10克

　　　酵母粉3克　水120克

1. 容器里放入面粉、白糖和酵母；

2. 放入温水或者冷水慢慢用筷子从中间向外搅拌；

3. 搅拌均匀后可以放置几分钟再揉面；

4. 揉到面团光滑就可以；

5. 面团发酵到两倍大。

（二）做油酥面

6. 热锅冷油，加入生姜、八角和葱爆香；

7. 在面粉里加点盐拌匀；

8. 倒入熬好的油（葱、姜、八角就不要了），边倒边搅拌直到均匀；

9. 让其冷却备用。

（三）制作金丝发面烙饼

10. 发酵好的面团再揉一下排气后，醒15分钟；

11. 把面团擀成长方形；

12. 抹上一层上面做好的油酥面，四个边上不要抹；

13. 撒上葱花；

14. 不是卷，是折叠起来，看图示，最后把口包紧，不能让葱花露出来；

15. 折叠好的面轻轻地边甩打边拉长；

16. 把拉长的面盘起来，最后的一段记得要放在最下面；

17. 用手压扁后再擀得薄一点；

18. 高压锅先烧热后放入面团；

19. 把高压锅盖子上的出气阀门拿掉，盖上锅盖，先用中小火压3分钟，打开后翻面再压3分钟成金黄色就好了。

这款金丝发面烙饼独特的地方

1. 用油酥面代替抹油。普通烙饼是在擀好的面饼上抹油，也很好吃，但抹油酥面可以让烙饼的螺旋效果更加明显，层与层之间会更加分明，饼的味道也会有改善。

2. 面皮不是卷，是折叠起来。就像折扇子那样一层一层折叠，宽度要保持均匀，这样的效果会比普通的卷被子要好。最后的封口也很重要，要不然等会擀开的时候里面的油酥面和葱会流出来。

3. 盘面的时候要边拉边盘。普通的烙饼就是直接卷起来，但是如果我们把面拉细，那样烙饼的圈数会增加，这样层次感会更加丰富。

4. 用高压锅代替平底锅。为什么高压锅也可以做面饼？因为高压锅的锅底厚，受热均匀，还真不容易煎糊了，而且做出的烙饼不发干，口感特别好。但是煎的时候要记得把锅盖上面的安全阀门拿掉哦，否则时间太久会糊的啊。

5. 我用的是发面。烫面和发面各有特点，烫面较松脆，发面香软，都是不错的选择。

黑芝麻核桃面饼

原料：面粉　芝麻核桃粉　鸡蛋　蜂蜜
　　　发酵粉　红枣酸奶（酸奶的稀稠度不
　　　一样，所以要调整）

做法：

1. 250克面粉放入容器里；

2. 加入80克芝麻核桃粉；

3. 搅拌均匀；

4. 加入3克发酵粉；

5. 加入40克蜂蜜；

6. 加入80克酸奶；

7. 加入两个鸡蛋；

8. 揉成光滑的面团；

9. 让面团发酵到两倍大；

10. 把面团分割成60克左右的小剂子，搓圆后摁扁放入平底锅，小火两面各煎10分钟。

　　面饼当早饭确实很好，而且配上粥、牛奶、果汁都可以，特别适合生长发育的小孩，真的是营养又美味！

无油版椰香酸奶饼

原料：面粉　椰子粉　酸奶　蜂蜜　发酵粉

做法：

1. 面粉中加入发酵粉；

2. 加入5勺椰子粉（一般一斤面粉放六七勺吧）；

3. 加入酸奶；

4. 加入五勺蜂蜜，甜度以自己的喜好程度把握；

5. 揉成柔软的面团后盖上保鲜膜发酵；

6. 在室温32度的环境下，只要半个小时面团就发得差不多了；

7. 把面团分成60克左右一个的小剂子；

8. 搓圆后摁扁；

9. 放入平底锅，不用放油。中火烤到两面有点焦黄就可以了。

黄金泡菜饼

原料：泡菜　鸡蛋　洋葱　面粉　水

调料：白糖　香油

做法：

1. 把泡菜切碎，但不要太碎了以免影响口感；

2. 切好后放入容器里，加入两个鸡蛋、一勺香油、一勺白糖，搅拌均匀；

3. 加入适量面粉，再加水朝一个方向调成面糊；

4. 把洋葱竖放，切片，切的宽度就是做的泡菜饼的厚度；

5. 锅里稍微放点油，把洋葱圈放在锅中；

6. 加入面糊，让其在洋葱内部扩散到四周；

7. 除了用洋葱圈也可以用别的圆形的工具，我还有个工具是用来压出饺子皮的，也很好用；

8. 过几分钟后用勺子沿洋葱四周嵌一下，洋葱和面糊就脱离了，然后翻面，这样的饼很快就熟的。

既好吃又好看的制作秘诀

1. 做泡菜饼的时候加鸡蛋可以让口感更好，我加了两个，泡菜饼更加软绵；

2. 在面糊里放白糖，会让泡菜饼更鲜美；

3. 放入香油才是这款泡菜饼的独家秘籍，泡菜饼会散发出迷人的味道；

4. 要好看，如果没有晃锅技术，那么就用我今天的方法，用洋葱圈解决，不过面糊放入洋葱圈后不要马上把洋葱圈拿起来，要过一会，这时你发现面糊和洋葱圈是粘连的，所以要用勺子慢慢沿四周嵌下去就可以让它们脱离了。

5. 泡菜饼很薄，所以记得要用小火，很快就熟的。

荠菜猪肉煎饺

原料：荠菜　猪肉（带点肥肉）

调料：盐　料酒　生抽　香油　水

（一）饺子馅做法

1. 荠菜清洗干净焯水后冲凉备用；

2. 先把肉切成小块后剁成肉糜；

3. 加入荠菜，加一点盐（别放太咸，后面还要放生抽），剁均匀；

4. 剁好的馅放入碗里，加入一勺料酒，适量生抽调味和适量的香油；

5. 加入水，边加边搅拌，觉得浓稠差不多就不要加了，因为水多了肉馅会变得稀了，就没法包在饺子里了。

（二）饺子的包制（我家Cutelady示范）

6. 拿一张擀好的饺子皮，放入肉馅；

7. 用手指在饺子周围一圈涂点水；

8. 先把饺子两边包起，中间捏紧；

9. 右手捏住饺子皮，左手向右推出一个小褶子；

10. 把推出的小褶子捏紧后继续向右推出小褶子；

11. 用同样的方法处理右边的褶子。

（三）饺子的煎制

12．锅底刷一点点菜籽油，把饺子摆放在一起，或者可以摆成花环形状；

13．在饺子上面洒上一点菜籽油；

14．开中火煎2分钟左右；

15．加入半碗左右的冷水，大约到饺子的三分之二处；

16．盖上锅盖，先大火把水煮开，看到锅里水不多时再关到最小火煎5分钟左右；

17．撒点白芝麻和葱花后给煎饺翻个面，继续小火煎3分钟直到面皮有点金黄就可以出锅了。

美味葱油饼

（一）和面

原料：普通面粉　盐　开水

做法：

1. 容器里放入面粉和一小勺盐；

2. 中间挖出一个小坑，倒入开水；

3. 用筷子在水坑里慢慢向外搅拌，直到面粉被搅拌成颗粒状；

4. 手里沾点冷水开始和面，和到面团变光滑；

5. 醒面半个小时。

（二）葱油饼的制作

（总共三种方法）

工具和调料：擀面杖　刷子　芝麻油（或者色拉油）

葱花　熟白芝麻

方法一

1. 取一小块面团擀长；

2. 用刀在左右三分之一处划开，中间不能划断；

3. 在上面刷上芝麻油；

4. 在上面撒上熟白芝麻；

5. 撒上葱花；

6. 右边最下面的一个角向上折起；

7. 右边最上面的一个角向下折叠；

8. 右边折叠好的面皮向中间折起；

9. 中间下面的面皮向上折起；

10. 中间上面的面皮向下折叠；

11. 中间折叠好的面皮向左折叠；

12. 最左边上边的面皮向下折叠；

13. 最左边下边的面皮向上折起；

14. 用擀面杖再次把折叠好的面团擀开。

方法二

1. 小面团擀开后刷油，撒上芝麻和葱花；

2. 卷起；

3. 盘好；

4. 压扁。

方法三

1. 小面团用擀面杖擀成圆形后刷油；

2. 撒上芝麻和葱花；

3. 找到圆心，从圆心处切出半径；

4. 向左或者右朝对应的半径折叠第一次；

5. 折叠第二次；

6. 折叠第三次；

7. 用擀面杖擀开；

8. 三个擀好的面饼来个大合影。

（三）煎葱油饼

锅里放少量油，感觉油稍微有点烫的时候放入，每面煎的时间到位只要翻一到两次面就可以了，两面金黄就OK。出锅后切成三角形，就可以开吃了。

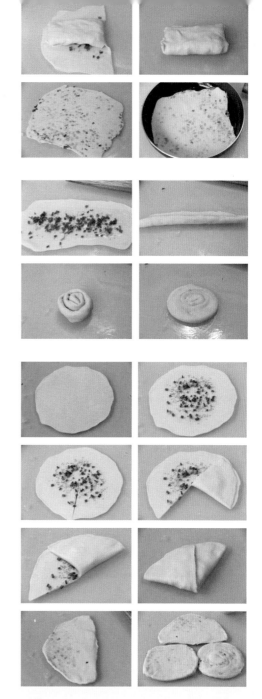

制作要诀提示

1. 和面要注意面和水的比例，这是关键，一般比例是2:1，也就是500克面粉一般放250克开水。

2. 揉好的面团要饧（醒）一会，醒面的主要目的是将高速搅拌的面团松弛下来，使面粉蛋白质充分吸水溶涨，面团的网络形成更完美，不经醒面的面团的筋力和弹性都比较差。不管你是做什么产品，面团是必须醒的，正常时间要15~30分钟，这要看你的面粉的质量而定。

新疆吐鲁番剁肉饼

（一）和面

原料：普通面粉　水(比例5:3左右)

做法：

1. 在桌面上放好面粉；

2. 中间弄出一个小坑，加入冷水；

3. 用手从中间向外面慢慢和面，直到揉成光滑的面团；

4. 盖上保鲜膜醒面30分钟。

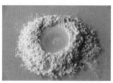

原料：牛肉

调料：生抽　老抽　料酒　卤水汁(可以省去)

黑胡椒粉　生粉　鸡蛋清

（二）做剁肉馅

做法：

5. 牛肉清洗干净；

6. 把牛肉的瘦肉和肥肉各自切成黄豆大小的颗粒；

7. 把瘦肉放入碗中加入卤水汁（没有可以省去）；

8. 加入适量的生抽和老抽（酱油的两个品种，前者比较咸，后者颜色深）；

9. 加入料酒；

10. 加入胡椒粉；

11. 加点生粉和鸡蛋清搅拌均匀后腌制20分钟；

12. 热锅，加少许油后放入肥牛肉丁，炒干水分并煸炒出油来；

13. 加入一勺黄豆酱；

14. 继续中火翻炒出香味；

15. 加入前面腌制好的牛瘦肉丁；

16. 中火翻炒1分钟左右；

17. 把炒好的牛肉丁装盘，放凉。

（三）制作剁肉饼

做法：

18. 桌上撒上些面粉，取一块醒好的面团用擀面杖擀开，厚度在3毫米左右；

19 上面放刚才做好的牛肉酱料；

20. 撒上葱花；

21 卷起；

22. 封口；

23. 把封口朝下，然后稍微压扁一下就可以了；

24. 平底锅底部放一层油，放入压扁的面团，煎到两面金黄；

25. 切块后就可以装盘了。

可以准备一盘熟的白芝麻，蘸着吃。

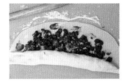

吐鲁番剁肉饼的美味秘诀

1. 这个肉饼对面皮没有什么特别讲究，冷水和面就可以了，也不用加盐和鸡蛋，擀面的时候也没有要特别怎么样，如果很粘，只要撒点面粉就可以了。

2. 做这道面饼的重点是要把里面的肉馅做好。牛肉要买两种，一种是瘦牛肉，最好买牛里脊，也是牛身上最嫩的肉；另一种是肥牛肉，结合在一起才好吃。

3. 在腌制牛肉的时候，如果你怕自己买的牛肉不够嫩，可以加入生粉和鸡蛋清搅拌均匀。

4. 牛肉不用切得很小，估计北方人粗犷，这样吃起来才过瘾。

5. 肥牛肉在煸炒的时候要开小火，里面有水的话，可能油会飞溅开来，为了你的安全，一来肉要晾干后再下锅，二来一旦发现油飞溅开来，可以采取盖住锅盖的做法。

周末我的任务是开发好吃的面包为下一周全家的早餐囤货。所以周末下午是我最忙碌的，比上班时还忙，做得最多的是馒头和小餐包。就拿上个周末来说，我做了16个超大的南瓜馒头和17个巧克力小餐包。除了当早饭吃，我家好男儿晚饭后还要加餐，牛奶+面包，所以到了周五，囤积下来的早饭就没了。

有人问，这新鲜吗？做完后除了留出第二天的份，其余我都用保鲜袋按照每天的量装好，放冰箱冷冻。面包一般在晚上拿出，到第二天早上就变软了，而且照样非常新鲜，不会像很多人说的面包放久了因为水分流失而发干的现象。

馒头则有两种办法处理，一是前一天晚上把馒头从冷冻室转移到冷藏室，第二天馒头就软了，微波炉半分钟就搞定；如果事先忘了那也没关系，拿出在馒头上面洒点水，直接微波炉转1分钟，仍旧和新鲜的一样。

焦糖巧克力橄榄包

原料：高筋面粉260克　全麦面粉100克　白糖25克
　　　奶油焦糖酱57克　巧克力豆50克
　　　酵母粉4克　盐3克　胡萝卜汁150克
　　　鸡蛋一个（60克左右）　橄榄油20克
机器：面包机1台

做法：

1. 胡萝卜榨汁备用；

2. 把所有原料放入面包机搅拌25分钟能拉出一点膜即可；

3. 加入巧克力豆再搅拌5分钟；

4. 让面团发酵到两倍大；

5. 拿出面团揉面排气；

6. 把面团分成60克左右一个的小剂子，一共可以做12个，两个烤盘，分两次烤；

7. 盖上保鲜膜让小剂子醒15分钟；

8. 再揉一下小剂子，擀成锥形，再整成橄榄形；

9. 放入烤盘让其再发到两倍大；

10. 烤箱预热200℃，中层，烤20分钟即可。

和面的常见问题解析

问题一：做面饼的时候面粉和水的比例是多少？

回答：我们中国人做面食不像老外那样拿把秤，这说明中国人的智慧，你看大厨做美食，都说加一点什么，从不说加几克什么。和面也是这样，做中式面食和面没有做面包要求高，你只要能把面团揉圆揉光滑就可以，而且即使你水多放或者少放，还是可以补救的，就是再加点面粉或者是加点水。一般而言，一斤面粉放六两水相对比较适中，面团比较柔软，很适合做面饼，但是加了鸡蛋和牛奶其他的流质就要相应地减少加水的量。

问题二：我的面团怎么发酵不起来？

回答：这个原因有很多。1. 最直接的原因是你的发酵粉保存不好，过期，或者受潮了，那么发酵粉就没有活力，自然发不大面团，所以开封的发酵粉最好放在玻璃等密封的容器里，放入冰箱的冷藏室保存比较好。那么如何检验自己的发酵粉是很有活力的呢？很简单，在碗里放点温水，放入发酵粉搅拌，如果看到有很多泡泡，说明酵母菌非常活跃，否则说明酵母菌已经死亡。2. 如果发酵粉正常面团怎么还是发不起来呢？最主要的还是很多人不理解什么是温水，很多没有厨房经验的人在把酵母粉用温水溶化的时候，加的是开水，活活的把酵母菌烫死了，酵母菌在20-30℃最活跃，30℃以上活动减缓，40℃以上就失去了活力，到了50℃就会慢慢死去，所以我估计很多人用的温水的温度超过了50℃，导致最后面团不能发酵。

问题三：你做面饼和面的时候有时放蜂蜜，不是说蜂蜜遇到高温营养就没有了吗？

回答：话是这么说，但是遇到高温后的蜂蜜也不是说营养全部没有了，至少比白糖要好很多。现在很多人自认为掌握了很多保健知识，这个不吃，那个不吃！做美食不能走极端，什么是最好的美食？美味又营养，那是最好的！如果只有营养不美味你愿意吃吗？蔬菜维生素含量高，很有营养，但是你总不能全部生吃吧，但为了美味我们要烹饪，烹饪就会让一部分营养流失，这很正常。油炸食品很美味，但不营养，我们难得可以吃一点，但吃多了就有害身体了。所以我们在做美食的时候，尽可能做到美味又健康。

问题四：做平底锅面饼到底要不要放油？

回答：我可以肯定地告诉大家，不放油。不放油的面饼既好吃又营养，你何乐而不为啊！现在的平底锅都是不粘型的。我家里的平底锅都用了好几年了，即使上面的保护膜没了也照样不粘锅。加了油不见得好吃，而且你想，油一刷，不管怎么样，面饼的热量就"嗖"地往上蹿了啊，就像土豆，做法很多，但从土豆泥、炒土豆到炸土豆条，热量直线上升。特别是炸薯条，已然是垃圾食品。但我说过，美食嘛，有的只有美味却没有营养，但可以偶尔吃点。不过如果像面饼这样的主食最好还是不要放油，如果像我上次做的牛肉饼实在很厚，那么锅底还是可以刷点油，当然选择橄榄油最好。

问题五：我做的平底锅面饼怎么不熟？

回答：煎不熟还是操作不当。如果你一开始就大火烙面饼，两面是金黄了，里面可没有熟，所以你可以大火十秒钟，让锅迅速热起来，然后马上转小火，请注意，小火就是把煤气灶开到最最小的一朵火。再者要加锅盖，这样锅里才能保持一定的温度作用于面饼，面饼才会熟透。同时盖锅盖带来的另一个问题是锅盖内侧会有水蒸气，所以当我们看到水蒸气集聚得比较多的时候用干的抹布擦去，然后继续盖好锅盖。一般的面饼两面各烙10分钟左右就可以了，当然也有例外，我做的一款牛肉饼很多层，很厚，两面各烙了20分钟。

问题六：你怎么能做出那么多面饼？

回答：大家发现，你即使去百度搜索，我的很多款面饼都是搜不到的，很多是我自己想出来的，比如南瓜小米面饼、芡实面饼、椰香酸奶面饼、糯黄米面饼、坚果面饼等等，只要发挥自己的想象力，完全可以做出创新的面饼。

上面的是发面饼，发面的最大好处是面粉经过发酵，里面的营养更易被人体消化吸收，口感也软绵。但是还有一些面食不用发面，比如葱油饼、饺子皮、面条等等，这些面点的成功关键就在于和面，所以下面就给大家讲讲这些面点的和面。

说说冷水和面与热水和面

　　冷水和面：水温不会引起蛋白质变性和淀粉膨胀糊化等变化，蛋白质与大量的水结合，形成致密的面筋网络，并把其他物质紧紧包住。冷水面团的形成是由蛋白质吸水引起的，所以面团筋性好、韧性强、延伸性强、色白。能制作面条、馄饨、水饺、春卷等。

　　热水和成的面团也叫烫面，是用沸水（用70℃以上的水就可以）调制成的面团。烫面的性质与冷水面团正好相反，由于用水温度较高，水温使蛋白质发热变性，面筋质被破坏，导致亲水性降低，筋性减退，淀粉遇热与大量水溶合，膨胀形成糊状，黏性增强。能制作锅贴、春饼、炸盒子、炸糕、烧卖等。

　　但和面要注意面和水的比例是关键，一般是2:1，也就是500克面粉一般放250克开水。冷水稍微多一点，一般是500克面粉放300克水，但不能再多了。面团揉好后是柔软的光滑的就成功了。

　　揉好的面团要饧（醒）一会，醒面的主要目的是将高速搅拌的面团松弛下来，使面粉蛋白质充分吸水溶涨，面团的网络形成更完美，不经醒面的面团的筋力和弹性都比较差。不管你是做什么产品，面团是必须醒的，正常时间是15~30分钟，这要看你的面粉的质量而定。醒过后就可以做大家喜欢的面点了。

　　我常想象Tony系着白底蓝格围裙站在他家整洁明亮的厨房里，手持锅铲，思索着如何让这道爱心家常菜在他点击率高达千万的美食名博——"Tony小屋"里显得赏心悦目。其实我怀疑，虽然自称"煮夫"，Tony并非厨房的主力军。因为像所有双鱼座的人一样，Tony的生活信条是"兴之所致"，兴致来了，什么都愿意，兴致没了，威逼利诱都无效。任何事物，批量生产的，都不可能使人产生足够兴致的，所以每天挥汗如雨地做出一桌菜的，不是Tony；他每天只做一个菜，然后用他珍爱的单反相机拍下这个菜最美的瞬间。

　　由于他图文详解的美食博客，Tony在他生活的圈里圈外都拥有众多粉丝。粉丝们赞叹的不仅是他为Vincent做的私房美食，还有Tony在菜肴制作过程中无意中"泄露"的幸福生活，每一点每一滴的幸福都跟他深爱的家人有关，他美丽的妻子cutelady，和他可爱的儿子Vincent。什么是Tony笔下的幸福呢？读了他的博文，你会明白：幸福就像晴朗的午后，你坐在窗前，闭上双眼，细碎的阳光抚过你眼睑的感觉，并不因为它细小就不能温暖你，也不因为你不去看就不知道它的存在。Tony所拥有的这种化繁为简的神奇力量，让人羡慕万分，在这个纷扰的世间，它远比点石成金的法术可贵得多。

　　当然，双鱼男也绝对是最能把每个生活片段都变得浪漫的高手，所以我们也都深信，如果真的有需要，Tony也愿意每天为他的Cutelady和他的好男儿Vincent做一顿色香味俱全、营养健康的饭菜。毕竟，把平淡的日子变得有滋有味的，除了美食之外，还能有什么呢？

Clare